机器学习算法原理与实践

高明虎　主　编

陈永涛　副主编

哈尔滨工业大学出版社

内 容 简 介

本书以 Python 为基础,围绕使用 scikit-learn 平台,详细介绍机器学习模型、算法、应用场景及其案例实现方法,逐步带领读者熟悉并掌握机器学习的经典算法。全书共 13 章,主要内容包括配置开发环境、机器学习的基本概念、文件管理和 KNN、线性回归、逻辑回归、K-means 聚类算法、决策树、集成算法、AdaBoost 算法、梯度提升树、降维算法、朴素贝叶斯、LGBM 算法等。本书内容精练,文字简洁,结构合理,案例经典且实用,综合性强,面向机器学习入门读者,侧重提高。

本书可以作为机器学习初学者、研究人员或从业人员的参考书,也可以作为计算机科学、大数据、人工智能、统计学和社会科学等专业的大学生或研究生的教材。

图书在版编目(CIP)数据

机器学习算法原理与实践/高明虎主编. —哈尔滨:
哈尔滨工业大学出版社,2024.6. —ISBN 978 – 7 – 5767 –
1521 – 7

Ⅰ. TP181

中国国家版本馆 CIP 数据核字第 2024M6S600 号

策划编辑　　常　雨
责任编辑　　周一曈
封面设计　　童越图文
出版发行　　哈尔滨工业大学出版社
社　　址　　哈尔滨市南岗区复华四道街 10 号　邮编 150006
传　　真　　0451-86414749
网　　址　　http://hitpress.hit.edu.cn
印　　刷　　黑龙江艺德印刷有限责任公司
开　　本　　720 mm×1 000 mm　1/16　印张 10.25　字数 207 千字
版　　次　　2024 年 6 月第 1 版　2024 年 6 月第 1 次印刷
书　　号　　ISBN 978 – 7 – 5767 – 1521 – 7
定　　价　　70.00 元

前　言

　　机器学习是一门多领域交叉学科,涉及概率论、统计学、逼近论、凸分析、算法复杂度理论等多门学科,专门研究计算机怎样模拟或实现人类的学习行为以获取新的知识或技能,重新组织已有的知识结构使之不断改善自身的性能。它是人工智能的核心,是使计算机具有智能的根本途径。它的应用已遍及人工智能的各个分支,如专家系统、自动推理、自然语言理解、模式识别、计算机视觉、智能机器人等领域,其中尤其典型的是专家系统中的知识获取瓶颈问题,人们一直在努力试图采用机器学习的方法加以克服。

　　scikit-learn 项目最早由数据科学家 David Cournapeau 在 2007 年发起,需要 NumPy 和 SciPy 等其他包的支持,它是 Python 语言中专门针对机器学习应用而发展起来的一款开源框架。

　　学习能力是智能行为的一个非常重要的特征,但人们至今尚不清楚学习的机理。人们曾对机器学习给出各种定义:H. A. So 认为,学习是系统所做的适应性变化,使得系统在下一次完成同样或类似的任务时更为有效;R. S. Michal-sk 认为,学习是构造或修改对于所经历事物的表示;从事专家系统研制的人们则认为学习是知识的获取。这些观点各有侧重:第一种观点强调学习的外部行为效果;第二种则强调学习的内部过程;第三种主要是从知识工程的实用性角度出发的。

　　本书针对机器学习这个领域,描述了多种学习模型、策略、算法、理论及应用,基于 Python 3 使用 scikit-learn 工具包演示算法解决实际问题的过程。对机器学习感兴趣的读者可通过本书快速入门,快速胜任机器学习岗位,成为人工智能时代的人才。

　　本书共分 13 章,从配置开发环境开始,系统地讲解机器学习的典型算法,内容包括 KNN、K-means、机器学习概述、scikit-learn 估计器分类、朴素贝叶斯分类、线性回归、主成分分析、决策树、集成算法、Adaboost、GBDT 及 LGBM 算法。如果需要本书配套的代码,请发邮件至 gmhfc@163.com,邮件主题为"机器学习算法原理与实践"。

限于作者水平,书中难免会有疏漏和不当之处,欢迎各位读者指正或提出批评意见。

高明虎

2024 年 5 月

目　　录

第一章　　配置开发环境

本章主要介绍 Python 的安装与环境配置方法。Python 作为一门通用型的编程语言,可以通过很多方法完成安装,同时也可根据实际需求搭建不同类型的开发环境。本书是围绕《机器学习算法原理与实践》进行学习的,而在实际的数据分析、机器学习建模甚至是算法工程的工作中,Jupyter 开发环境都是最通用的开发环境。同时,Jupyter 本身也是 Notebook 形式的编程环境,非常适合初学者上手使用。因此,本书将主要采用 Jupyter Notebook/Jupyter Lab 来进行操作,本章也将详细介绍如何通过通用科学计算平台 Anaconda 来进行 Python 和 Jupyter 的安装。

第一节　　Anaconda 下载与安装

要顺利地使用一门编程语言,严格意义上来说,需要安装语言核心编辑器或开发环境。同时,为便于使用,还需要配置环境变量和下载一些包管理工具。不过,伴随着编程语言的通用化,逐渐诞生了一些比较通用的、更为简便的、可以执行一键安装的软件。而在数据科学领域,Anaconda 则是目前最通用的、可以一键安装各类数据科学类编程语言及开发环境的软件。正因如此,又称 Anaconda 为数据科学计算平台。

本书采用 Anaconda 进行 Python 安装和开发环境搭建,如果之前已经安装了 Anaconda,但版本比较陈旧,可以采用后面介绍的方法升级 Anaconda。

一、下载 Anaconda

访问 Anaconda 官网(https://www.anaconda.com/),点击 Download 按钮直接下载,也可以复制以下链接直接进行下载:

https://repo.anaconda.com/archive/Anaconda3 – 2022.10 – Windows – x86_64.exe

下载后都会得到一个安装包。

二、安装 Anaconda

下载完成后,即可开始安装。双击安装文件,进入欢迎界面,点击"Next"(图 1.1)。

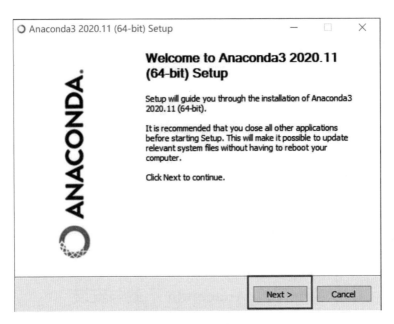

图 1.1　Anaconda 欢迎界面

点击"I Agree",进入下一步(图 1.2)。

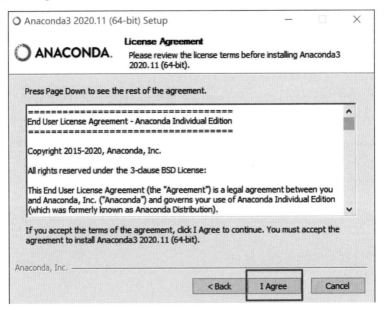

图 1.2　许可协议界面

选择软件使用权限,是指无论是针对当前登录用户还是所有用户,二者都可以,无特殊要求(图1.3)。

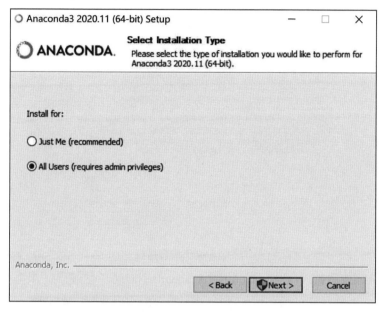

图1.3　安装类型

选择安装路径,完成安装(图1.4)。

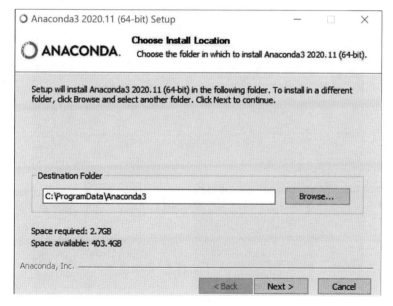

图1.4　选择安装路径

如果出现图 1.5 所示页面,需要勾选配置环境变量选项。

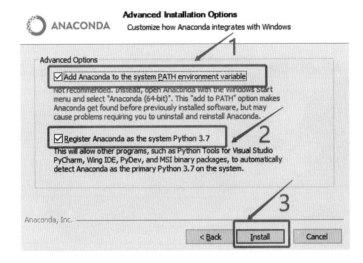

图 1.5　高级安装选项

安装完成后,在开始菜单栏找到 Anaconda Navigator 并打开(图 1.6)。

图 1.6　开始菜单

进入图 1.7 所示 Anaconda 用户界面。

图 1.7　Anaconda 用户界面

可以看到 Anaconda 中包含了非常多数据科学计算相关的功能,并且在安装过程中也完成了 Python 的安装和环境变量的设置,以及 Jupyter 和其他工具的安装。其中,Jupyter 是本书将用到的代码编辑工具。

三、启动 Jupyter

可以看到,在 Anaconda 中有两个 Jupyter 组件:Jupyter Notebook 和 Jupyter Lab。其中,Jupyter Lab 是 Jupyter Notebook 的升级版,其用户交互界面更加友好,并且拥有许多额外辅助功能,如代码框分屏、文件管理系统等。不过二者在实际编程功能使用上没有区别,本书可以使用任何一个组件。

能够成功弹出浏览器窗口,则说明安装成功。如果浏览器关闭,则再次点击 Anaconda 中 Jupyter Lab 组件中的 Launch 即可再次打开 Jupyter 界面,也可以通过点击开始菜单快捷方式的形式打开(图 1.8)。

根据命令窗口的提示,在浏览器输入 http://localhost:8888/ 或 http://localhost:8890/lab。

由此可见,Jupyter 的功能实际上是借助浏览器功能实现的,启用 Jupyter 的过程实际上是先由 Anaconda 启动 Jupyter 服务,然后使用浏览器登录对应地址,借助 Web 功能使用相关服务。如此架构其实也为远程部署和启动 Jupyter 服务后本地调用提供了基本思路。

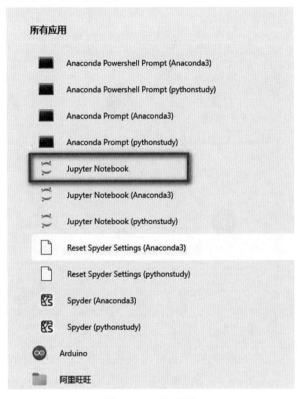

图1.8 开始菜单

第二节 Jupyter 基本操作

接下来简单介绍 Jupyter 的基本操作。Jupyter 是数据技术领域最通用的代码编辑器,其名称是由 Julia、Python 和 R 拼凑而来的,代表着 Jupyter 原生就支持这三门编程语言的代码书写。不过通过 Anaconda 安装的 Jupyter,初始默认只安装了 Python 语言核心,无法调用其他编程语言。

一、简单代码编写尝试

在 Jupyter 主界面中,左侧是文件目录,右侧是编程界面。首次登录时,点击 Python 3 即可创建一个新的编程文件。下面以 Jupyter Lab 为例进行说明(图1.9,图1.10)。

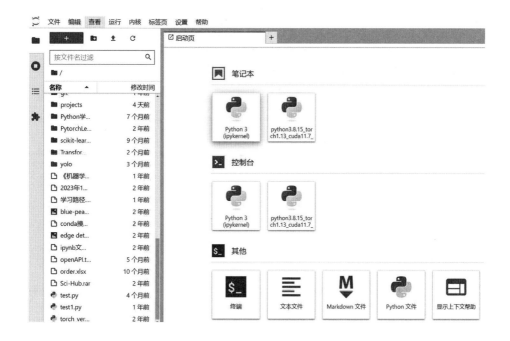

图 1.9　Jupyter Lab 启动界面

图 1.10　新建文件

在左侧文件目录中会出现一个新的 ipynb 文件,也就是正在编辑的代码文件,ipynb 文件是 ipython Notebook 的简写。Jupyter 脱胎于 ipython 编辑器,因此 Jupyter 文件仍然保留了 ipynb 的文件类型命名方式。

接下来简单尝试在右侧代码框中输入 Python 代码。点击右侧代码框,输入 a = 1(图 1.11)。也就是令 a = 1,然后按 Shift + Enter 执行该代码。执行完成后,会自动新生成一个 cell,接下来的代码就可以在新生成的 cell 中执行。在新生成的 cell 中输入 a,能够看到返回结果就是 a 的赋值(图 1.12)。至此,就完成了一次简单的 Python 代码编写和运行。

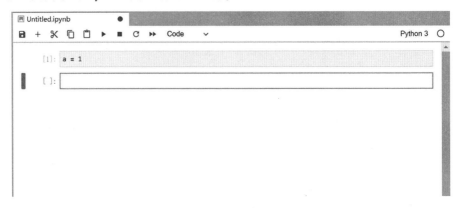

图 1.11　赋值

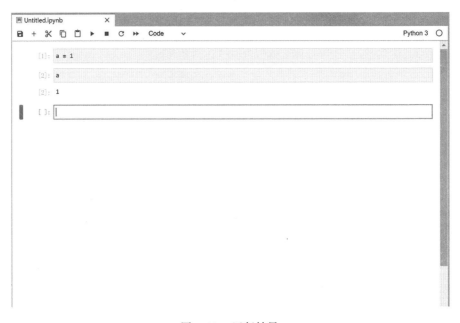

图 1.12　运行结果

二、Notebook 式编辑环境

将代码写入一个个 cell,代码文件由一个个 cell 组成,书写代码时就像一行一行地在记笔记,这就是 Notebook 式代码编辑环境。Notebook 式代码编辑环境其实也是读取 – 求值 – 输出循环(read – eval – print loop,REPL) 环境的一种,即交互式编译。简单来说,交互式编译就是指允许用户逐行输入代码,逐行查看结果,从而逐行进行调试,这无疑大幅降低了代码编写的难度,这也是建议 Python 初学者使用 Jupyter 的原因。不过,并非所有编程语言都支持在 REPL 环境中运行。一般来说,Python 这种支持动态编译的解释型语言可以在 REPL 中编写代码,而一些静态的编译型语言则无法使用 REPL 环境。

三、**Jupyter** 的基本操作

由于后续 Jupyter 将作为主力代码编辑器,因此有必要深入了解 Jupyter 的一些常用功能。当然,Jupyter 本身也是一个独立的软件,具体软件的功能介绍可以查看 Jupyter 官网,里面有 Jupyter 所有功能的完整介绍。

1. cell 类型选择

在 Jupyter 中,除代码外,每个 cell 还可以使用 Markdown 语法输入文本内容及尚未确定格式的草稿。选定一个 cell 后,选择 Code 则是代码内容,选择 Markdown 则是使用 Markdown 语法输入文本内容,选择 Raw 则是草稿内容,不会输出任何结果(图 1.13)。

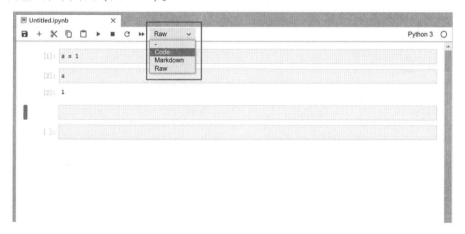

图 1.13　选择文件格式

例如,使用 Markdown 语法打印标题如图 1.14 所示。

使用 Shift + Enter 执行 Markdown 语法如图 1.15 所示。

可以看出,Jupyter 是一个不错的笔记工具,同时也非常适合编写数据分析报告。

图 1.14　使用 Markdown 语法打印标题

Hello World!

图 1.15　使用 Shift + Enter 执行 Markdown 语法

2. cell 不同模式及快捷键

cell 有两种不同模式：选中 cell 时是命令（command）模式；而单击 cell 内出现光标闪烁时则是进入了 cell 内容的编辑（edit）模式。在编辑模式下，可以进行内容输入；而在命令模式下，则可使用一些 cell 快捷键对其进行操作（表 1.1）。

表 1.1　cell 快捷键及其对应的操作

快捷键	操作	快捷键	操作
a	在上方插入一个 cell	b	在下方插入一个 cell
x	剪切该 cell	c	复制该 cell
v	在 cell 下方粘贴复制的 cell	m	转为 Markdown 模式
y	转为 Code 模式	r	转为 Raw 模式
z	撤销操作	双击 d	删除该 cell

3. Jupyter Lab 文件管理系统

相比于 Jupyter Notebook，Jupyter Lab 拥有非常便捷的文件管理系统。前面已经尝试过，当创建一个新的 ipy 文件时，左侧文件栏将出现对应文件。Jupyter Lab 左侧就是其文件管理界面，在其中可以进行文件创建、文件夹创建、文件上传等操作（图 1.16）。

图 1.16　文件浏览

4. Jupyter Lab 文件系统主目录及修改方式

创建的 ipy 文件存在哪里呢？Anaconda 一般默认 Jupyter 的主目录就是系统的文档目录。但文档目录在 C 盘下，如果是首次安装 Jupyter，并想要切换默认主目录，想要单独设置一个文件夹作为默认主目录，可以按照图 1.17 和图 1.18 所示步骤进行操作。

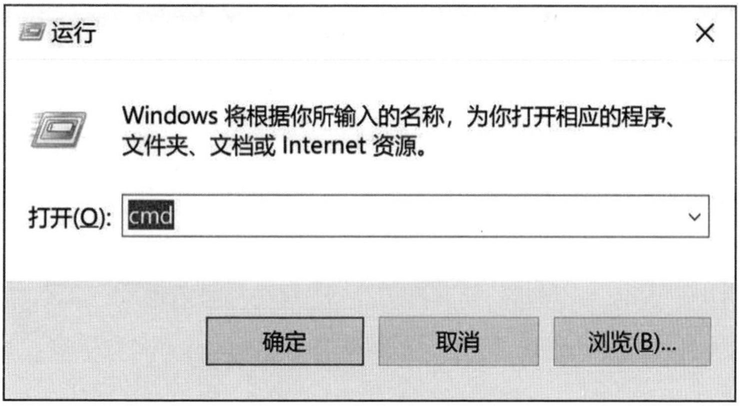

图 1.17　运行对话框

图 1.18　命令行界面

生成 Jupyter 配置文件,在命令行中输入如下内容:

jupyter notebook --generate-config

即可生成 Jupyter 配置文件。首次操作将生成配置文件,文件的目录如图 1.19 所示。

图 1.19　文件的目录

其中,29622 为登录的用户名。

然后通过 Ctrl + F 查找(notebook_dir),添加路径,框内的路径需要根据自身情况添加(图 1.20)。

将对应位置的 # 号删除,使其配置生效,并在等号后面输入新的主目录文件夹位置(自行选择文件位置),保存退出,并在重启 Jupyter 后生效。

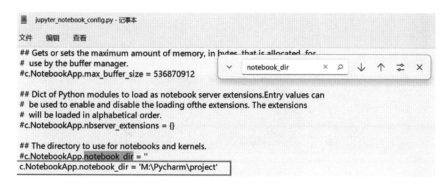

图 1.20　　目录修改位置

第三节　　升级与维护

在实际的 Python 使用过程中经常会遇到 Python 语言和第三方库的升级维护问题。当然,关于 Python 的安装和升级维护方法,也可查阅 Python 官网的相关介绍。此处由于是通过 Anaconda 统一进行的语言核心和编程工具的管理,因此在具体进行 Python 的升级维护之前,一般需要先对 Anaconda 进行更新。

一、更新 Anaconda

类似于 pip 是 Python 的管理工具,conda 是 Anaconda 的管理工具。在更新 Anaconda 之前,需要先对 conda 工具本身进行升级。进入到命令行界面,输入以下命令更新 conda(图 1.21):

conda update conda

```
(base) C:\Users\ASUS>conda update conda
Collecting package metadata (current_repodata.json): done
Solving environment: done

## Package Plan ##

  environment location: D:\Users\ASUS\anaconda3

  added / updated specs:
    - conda

The following packages will be downloaded:

  package                    |            build
  certifi-2020.11.8          |   py37haa95532_0         147 KB
  jupyter_core-4.7.0         |   py37haa95532_0          84 KB
  nest-asyncio-1.4.3         |     pyhd3eb1b0_0          11 KB
  openssl-1.1.1h             |       he774522_0         4.8 MB

                             Total:         5.1 MB
```

图 1.21　　升级软件包

然后输入以下命令更新 Anaconda：

canda update anaconda

即可完成更新(图1.22)。

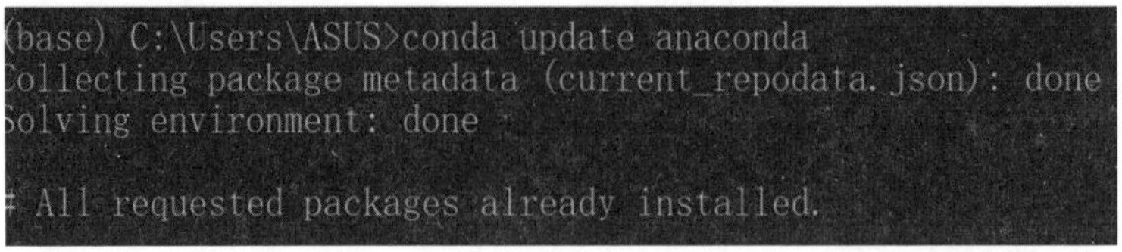

```
(base) C:\Users\ASUS>conda update anaconda
Collecting package metadata (current_repodata.json): done
Solving environment: done

# All requested packages already installed.
```

图 1.22　升级完成

二、查看与更新 **Python** 版本

仍然是在命令行中输入以下指令查看 Python 版本(图1.23)：

python --version

```
(base) C:\Users\ASUS>python --version
Python 3.7.9
```

图 1.23　查看 Python 版本

若无特殊原因,建议使用 Python 3 以上版本。如果要进行 Python 版本更新,也可采用 conda 工具进行更新。在命令行中继续输入以下命令：

conda update python

即可完成更新。

第二章　机器学习的基本概念

　　机器学习本质上就是不断训练数据,从而使得模型在其对应评估指标上的表现越来越好。在此过程中,至关重要的一点是能够给模型提供有效的反馈,同时模型本身也需要根据反馈结果不断地进行调整。只有该过程能够顺利进行,模型才能得到有效训练,机器才能学习。

　　尽管从通俗的角度理解什么是机器学习并非难事,但要实际构建一个机器学习的模型却绝非易事。这不仅需要掌握包括数学原理在内一定的基础理论,同时也需要拥有一定的编程实现能力。

　　机器学习模型核心概念如下。

　　(1)模型评估指标。

　　模型评估指标是用于评估模型实际效果的数值型指标,如准确率。

　　(2)模型参数。

　　模型参数是对模型最终输出结果有影响的模型关键指标,如自变量加权求和汇总过程中的权重。

　　(3)模型训练。

　　模型训练是指通过不断的数据输入,模型参数得到有效调整的过程,此处模型参数的有效调整是指调整之后能够提升模型表现。

　　接下来尝试根据机器学习的一般流程,实现一个简单模型 —— 线性回归模型。

第一节　　机器学习概念

一、经典统计分析方法与机器学习

　　线性回归模型是诞生于是统计学领域的一类模型,同时也是整个线性类模型大类的基础模型,是一类非常重要的统计学模型。在经典统计学领域,线性回归模型拥有坚实的数学理论基础作为支撑,曾在很长一段时间内都是数理统计分析建模最通用的模型之一。不过值得一提的是,使用传统的统计学方法构建线性回归模型其实并不简单,如果要构建一个统计学意义的线性回归模型,则至少需要掌握随机变量的基本分布、变量相关性与独立性、方差分析等基本统计学知识。而在机器学习领域,由于机器学习的基本建模思路、流程和经典统计分析有很大区别,在构建线性回归模型时流程较为简单,且线性回归模型本身可解释性较强,因此其可以作为入门的第一个算法来学习。

其实,从发展历程上来看,早就有有关"算法"或"模型"的概念,而实际作用与机器学习算法类似的就是经典统计学领域的统计分析类算法。不过,尽管机器学习算法与统计分析算法目标一致,核心都是围绕某个具体目标尝试进行有效的预测,但二者的建模流程和基本思路却有着天壤之别。更多关于二者的区别将在后续内容中逐渐展开讨论。

当然,从学术角度考虑,机器学习是否属于统计学尚存争议。本书不做过多学术讨论,机器学习与统计方法之间的区别特指机器学习与经典统计分析方法(尤其是遵循古典假设的统计学模型)之间的区别。从机器学习的角度出发,线性回归是指自变量(特征)加权求和汇总求得因变量(标签)的过程。例如,$y = w_1 x_1 + w_2 x_2$ 的计算过程就是一个简单的线性回归。当然,还需补充机器学习中与数据相关的基本概念。

二、数据与数据集相关概念

1. 数据与数据集

数据特指能够描绘某件事物的属性或运行状态的数值,一个数据集由多条数据构成。例如,鸢尾花数据就是描述鸢尾花一般属性的数据集(图2.1)。可以通过本地读取文件的方式查看该数据集,代码如下:

```
# 导入相关包
import numpy as np
import pandas as pd
df = pd. read_csv("iris. csv")
df
```

	sepal_length	sepal_width	petal_length	petal_width	species
0	5.1	3.5	1.4	0.2	Iris-setosa
1	4.9	3.0	1.4	0.2	Iris-setosa
2	4.7	3.2	1.3	0.2	Iris-setosa
3	4.6	3.1	1.5	0.2	Iris-setosa
4	5.0	3.6	1.4	0.2	Iris-setosa
...	...	...	...	...	...
145	6.7	3.0	5.2	2.3	Iris-virginica
146	6.3	2.5	5.0	1.9	Iris-virginica
147	6.5	3.0	5.2	2.0	Iris-virginica
148	6.2	3.4	5.4	2.3	Iris-virginica
149	5.9	3.0	5.1	1.8	Iris-virginica

150 rows × 5 columns

图2.1 鸢尾花数据样式

数据集描述鸢尾花基本信息如图2.2所示。

图2.2 数据集描述鸢尾花基本信息

在图2.1中,每一行代表一朵花的记录结果,而其中每一列代表所有花的一项共同指标。类似这种二维表格数据有时又称面板数据,属于结构化数据的一种。

2. 特征与标签

图2.1中的每一列是所有描述对象的一项共同指标。其中,前四列分别描述了鸢尾花的四项生物学性状,而最后一列则描述了每一朵花所属类别。当然,如果上述表格的记录目的是通过记录鸢尾花四个维度不同属性的取值最终判别鸢尾花属于哪一类,则该数据集中的前四列又称数据集的特征(feature),

而最后一列称为数据集的标签(label)。据此,在实际建模过程中,当需要利用模型进行预测时,也是通过输入模型一些样本的特征(一些鸢尾花的四个特征取值),让模型进行每个样本的标签判别(判别每一朵花应该属于哪一类)。

不过,值得一提的是,标签和特征只是依据模型预测目标进行的、围绕数据集不同列进行的划分方式,如果模型的预测目标发生变化,则数据集的特征和标签也会发生变化。例如,如果围绕鸢尾花数据集最终是进行每一朵花的花瓣宽(petal width)的预测,则图2.1中的第一、二、三、五列就变成了特征,第四列就变成了标签。因此,特征和标签本质上都是人工设置的。

一般来说,标签列需要放在最后一列。数据集中的列又称字段,鸢尾花数据集中总共有五列,也就总共有五个字段。

3. 连续变量和离散变量

对于图2.1中的鸢尾花数据而言,由于每一条数据都记录了一朵花的四个维度的属性及花的所属类别,因此如果从随机变量的角度出发,每一组观测结果也能将其视为五个随机变量的一次观测值。例如,可以将花萼长(sepal length)看成一个随机变量,而第一条数据中的5.1 cm则可看成这个随机变量的第一个观测值。既然是随机变量,就有离散变量与连续变量之分。连续变量是指随机变量能够取得连续数值,如随机变量表示距离或长度测算结果时,该变量就是连续变量。而离散变量则是指随机变量只允许取得离散的整数,如随机变量用0/1表示性别。不难发现,鸢尾花数据集中前四个变量都是连续变量,而最后一个变量是离散变量。也就是说,鸢尾花数据集的特征都是连续型特征,而标签则是离散型标签。

三、分类问题与回归问题

离散变量与连续变量在数理特征上有很大的区别。因此,对于预测类的机器学习建模来说,标签这一预测指标是连续变量还是离散变量,会对模型预测过程造成很大影响。据此,如果是围绕离散型标签进行建模预测,则称任务为分类预测任务,该模型为解决分类任务的分类(classification)模型;而如果是围绕连续型标签进行建模预测,则称该任务为回归预测任务,该模型为解决回归问题的回归类(regression)模型。很明显,依据鸢尾花数据集来构建一个预测某一朵花属于哪个类型的任务属于分类任务。若需要完成该任务,也需要构建对应的分类模型来进行预测。此外,再介绍另外一个用于回归类问题建模的数据集,即abalone数据集。

由于abalone数据集是txt格式数据集,各列通过空格进行分隔,并且第一行没有列名,因此需要使用下述语句进行读取(图2.3):

df = pd. read_csv(″abalone. txt″, sep = ′\t′, header = None)
df

	0	1	2	3	4	5	6	7	8
0	1	0.455	0.365	0.095	0.5140	0.2245	0.1010	0.1500	15
1	1	0.350	0.265	0.090	0.2255	0.0995	0.0485	0.0700	7
2	-1	0.530	0.420	0.135	0.6770	0.2565	0.1415	0.2100	9
3	1	0.440	0.365	0.125	0.5160	0.2155	0.1140	0.1550	10
4	0	0.330	0.255	0.080	0.2050	0.0895	0.0395	0.0550	7
...	...	...	...	...	...	...	...	...	...
4172	-1	0.565	0.450	0.165	0.8870	0.3700	0.2390	0.2490	11
4173	1	0.590	0.440	0.135	0.9660	0.4390	0.2145	0.2605	10
4174	1	0.600	0.475	0.205	1.1760	0.5255	0.2875	0.3080	9
4175	-1	0.625	0.485	0.150	1.0945	0.5310	0.2610	0.2960	10
4176	1	0.710	0.555	0.195	1.9485	0.9455	0.3765	0.4950	12

4177 rows × 9 columns

图 2.3　无列名数据

数据各列名称及其定义见表 2.1。

表 2.1　数据各列名称及其定义

列名	含义
Gender	性别,1 为男性、- 1 为女性、0 为婴儿
Length	最长外壳尺寸
Diameter	垂直于长度的直径
Height	带壳肉的高度
Whole weight	整体质量
Shucked weight	脱壳质量
Viscera weight	内脏的质量
Shell weight	壳的质量
Rings	(年轮)年龄

修改数据集列名称如下：

df. columns

df. columns = ['Gender', 'Length',

　　　　　　 'Diameter', 'Height',

　　　　　　 'Whole wet', 'Shucked weight',

　　　　　　 'Viscera weight', 'Shell weight',

　　　　　　 'Rings']

标注列名后表数据如图 2.4 所示。

	Gender	Length	Diameter	Height	Whole weight	Shucked weight	Viscera weight	Shell weight	Rings
0	1	0.455	0.365	0.095	0.5140	0.2245	0.1010	0.1500	15
1	1	0.350	0.265	0.090	0.2255	0.0995	0.0485	0.0700	7
2	-1	0.530	0.420	0.135	0.6770	0.2565	0.1415	0.2100	9
3	1	0.440	0.365	0.125	0.5160	0.2155	0.1140	0.1550	10
4	0	0.330	0.255	0.080	0.2050	0.0895	0.0395	0.0550	7
...	...	...	...	...	...	...	...	...	...
4172	-1	0.565	0.450	0.165	0.8870	0.3700	0.2390	0.2490	11
4173	1	0.590	0.440	0.135	0.9660	0.4390	0.2145	0.2605	10
4174	1	0.600	0.475	0.205	1.1760	0.5255	0.2875	0.3080	9
4175	-1	0.625	0.485	0.150	1.0945	0.5310	0.2610	0.2960	10
4176	1	0.710	0.555	0.195	1.9485	0.9455	0.3765	0.4950	12

4177 rows × 9 columns

图 2.4　标注列名后表数据

　　与鸢尾花数据集一样，abalone dataset 也是由专业人士精心统计汇总之后得到的数据集。目前来看，此类数据集往往用于机器学习初学者入门时使用。不过值得一提的是，不同的时代数据采集和获取方式有很大区别。在统计学模型大行其道的百年之前，人们获取数据主要是通过手工测量和记录的方式，并且多数情况下是由专业人事进行的，因此数据量较小，但数据整体质量较高。而经典统计学算法正是在这一背景下，针对这类数据诞生的方法。伴随着大数据时代的到来，数据的生产和应用方式都发生了较大的变化。由于数据可以自动采集、传输和存储，因此数据采集的场景变得无处不在，数据量呈现爆发式增长，同时数据质量也变得层次不齐。此外，在数据应用层面，实际应用的机器学习算法被要求能够即时运算、快速相应，并且对于质量层次不齐的数据要求产出相对稳定的结果，因此相较于经典统计学算法，机器学习算法计算效率更高，对数据质量要求更低，但同时也存在计算精度不高、计算结果不如统计方法稳定等一系列问题。当然，这也是机器学习诞生之初饱受诟病的一点。但正是机器学习不是那么精准但能应用于各个场景的特性,使得其成为大数据时代最为普适的算法。

对于abalone数据集来说,Rings是标签,围绕Rings的预测任务是连续变量的预测任务。

第二节　建 模 准 备

接下来尝试手动实现线性回归模型,并借此过程探究机器学习建模的基础理论和一般建模流程。

一、数据准备

线性回归属于回归类模型,是针对连续变量进行数值预测的模型,因此需要选用abalone数据集进行建模。此处为更加清晰地展示建模过程的内部计算细节,选取数据集中部分数据代入进行建模(表2.2)。

表2.2　部分数据

Whole weight	Rings
1	2
3	4

二、模型准备

不难看出,上述数据集是极端简化后的数据集,只有一个连续型特征和连续型标签,并且只包含两条数据。围绕只包含一个特征的数据所构建的线性回归模型又称简单线性回归。简单线性回归的模型表达式为

$$y = wx + b$$

式中,y表示因变量,即模型输出结果;x表示自变量,即数据集特征;w表示自变量系数,代表每次计算都需要相乘的某个数值;b表示截距项,代表每次计算都需要相加的某个数值。

除简单线性回归外,线性回归主要还包括多元线性回归和多项式回归两类。其中,多元线性回归用于解决包含多个特征的回归类问题,模型基本表达式为

$$y = w_1x_1 + w_2x + \cdots + w_nx_n + b$$

式中,$x_1, x_2, \cdots, x_n$表示n个自变量,对应数据集的n个特征;$w_1, w_2, \cdots, w_n$表示n个自变量的系数;b表示截距。此处加权求和汇总的计算过程较为明显,简单

线性回归也是多元线性回归的一个特例。

此外,多项式回归则是在多元线性回归基础上,允许自变量最高次项超过1次,如

$$y = w_1 x_1^2 + w_2 x_2 + b$$

就代表一个二元二次回归方程。

准备好数据和算法之后,接下来是模型训练过程。

第三节　模型训练

一、模型训练的本质:有方向的参数调整

1. 模型训练与模型参数调整

什么是模型训练?模型训练是指对模型参数进行有效调整。模型参数是影响模型输出的关键变量,如本例中的模型包含两个参数,即 w_1 和 b。当参数取得不同值时,模型将输出完全不同的结果(表2.3)。

表2.3　不同参数的不同结果

Whole weight(x) 数据特征	(w,b) 参数组	$\hat{y}$ 模型输出	Rings(y) 数据标签
1	$(1, -1)$	0	2
3	$(1, -1)$	2	4
1	$(1, 0)$	1	2
3	$(1, 0)$	3	4

简单线性回归计算过程为 $y = wx + b$。需要说明的是,在很多场景下,会使用更加简洁的记号用于代表模型训练过程中的各项数值,用 x_i 表示某条数据第 i 个特征的取值,用 y 表示某条数据的标签取值,用 $\hat{y}$ 表示某条数据代入模型之后的模型输出结果。

不难看出,模型参数取值不同,模型输出结果也不同,而不同组的参数取值似乎也有"好坏之分"。参数组取值为(1,0)时的模型输出结果要比参数组取值为(1, -1)时的输出结果更加贴近真实值。这说明第二组参数(1,0)要好于第一组参数(1, -1)。而"机器"在"学习"的过程,或者说模型训练过程,就是需要找到一组最优参数。

2. 模型评估指标与损失函数

有了模型输出结果"好与坏"的判别,需要将这种反馈有效地传递给模型,才能够让模型在训练过程中逐渐向好的方向发展。而要在模型训练过程中建立这种有效的反馈,就必须先掌握两个基本概念,即模型评估指标和损失函数(closs function)。

(1) 模型评估指标。

模型评估指标是评估模型输出结果"好与坏"的标量计算结果,其最终结果一般由模型预测值$\hat{y}$和真实值y共同计算得出。准确率就是分类模型的一个评估指标,并且通过比较模型预测正确的样本数占总样本数的比例最终得出。而对于回归类问题,最重要的模型评估指标是残差平方和(sum of squares for error, SSE)。SSE是指模型预测值$\hat{y}$与真实值y之间差值的平方和,计算结果表示预测值与真实值之间的差距,结果越小,表示二者差距越小,模型效果越好。SSE基本计算公式为

$$SSE = \sum_{i=1}^{n} (\hat{y}_i - y_i)^2$$

式中,n为样本数量。对应地,表2.3中两组不同参数取值对应的模型残差平方和计算结果依次为

$$SSE_{(1,-1)} = (0-2)^2 + (2-4)^2 = 8$$
$$SSE_{(1,0)} = (1-2)^2 + (3-4)^2 = 2$$

能够看出,第二组参数对应模型效果更好。据此,就找到了能够量化评估模型效果好坏的指标。

(2) 损失函数。

有了模型评估指标之后,还需要将评估结果有效地反馈给模型,这时就需要引入另一个至关重要的概念:损失函数。与模型评估指标是真实值还是预测值的计算过程不同,模型的损失函数都是关于模型参数的函数。损失函数本质上是一个衡量模型预测结果与真实结果之间差异的计算过程。例如,在SSE中,如果代入模型参数,则能构成一个SSE损失函数,基本计算过程见表2.4。

表2.4　基本计算过程

Whole weight(x) 数据特征	(w,b) 参数组	$\hat{y}$ 模型输出	Rings(y) 数据标签
1	(w,b)	$w+b$	2
3	(w,b)	$3w+b$	4

SSELoss 的计算公式为

$$SSELoss(w,b) = (y_1 - \hat{y}_1)^2 + (y_2 - \hat{y}_2)^2 = (2 - w - b)^2 + (4 - 3w - b)^2$$

SSELoss 的基本计算过程与 SSE 一致,只不过 SSELoss 中代入的是模型参数,而 SSE 中代入的是确定参数值之后的计算结果。因此,也可以认为对于 SSELoss 和 SSE 来说,一个是带参数的方程,一个是确定方程参数之后的计算结果。既然 SSE 和 SSELoss 的计算过程类似,那为何要区别损失函数和模型评估指标呢? 主要有以下几点原因。

① 对于很多模型(尤其是分类模型)来说,模型评估指标与损失函数的计算过程并不一致。例如,准确率就很难转化为一个以参数为变量的函数表达式。

② 模型评估指标与损失函数构建的目标不同。模型评估指标的计算目标是给模型性能一个标量计算结果,而损失函数的构建则是为了找到一组最优的参数结果。

除 SSE 外,常用的回归类问题的评估指标还有均方误差(mean square error,MSE)和均方根误差(root mean square error,RMSE)。其中,MSE 是在 SSE 的基础上除以样本总量,即

$$MSE = \frac{1}{n}SSE = \frac{1}{n}\sum_{i=1}^{n}(\hat{y}_i - y_i)^2$$

而 RMSE 则是在 MSE 基础之上开平方算得的结果,即

$$RMSE = \sqrt{MSE} = \sqrt{\frac{1}{n}\sum_{i=1}^{n}(\hat{y}_i - y_i)^2}$$

对应地,MSE 和 RMSE 也有相应的损失函数。

3. 损失函数与参数求解

一旦损失函数构建完成,就可以围绕损失函数寻找损失函数的最小值,并求出损失函数取得最小值时函数自变量(也就是模型参数)的取值,此时参数的取值就是原模型中参数的最优取值结果。这点从 SSE 和 SSELoss 彼此类似的计算过程中能够很容易看出来。由于最终建模目标是希望模型预测结果与真实结果一致,也就是 SSE 的取值尽可能小,而 SSE 的值是由 SSELoss 中两个变量(w,b)取值决定的,因此如果能找到一组(w,b),使得 SSE 的最终计算结果尽可能小,也就相当于找到了一组模型的最佳参数。

至此,就发现了损失函数的核心作用:搭建参数求解的桥梁,构建一个协助模型求解参数的方程。通过损失函数的构建,可以将求解模型最优参数的问题转化为求解损失函数最小值的问题。至此,也就完成了此前所说的确定反馈 — 传递反馈的过程。

值得注意的是,损失函数的计算方程与实际代入进行建模的数据直接相关,上述 SSELoss 是在代入两条数据的情况下构建的损失函数,而调整输入数

据,损失函数实际计算方程也会发生变化。此外,还有一个与损失函数非常类似的概念——目标函数。目标函数概念相对复杂,并且对当前介绍内容并无影响,因此将放在后续进行介绍。

二、利用最优化方法求解损失函数

1. 损失函数的求解

在构建好损失函数之后,接下来就是如何求解损失函数的最小值及损失函数取得最小值时 w 和 b 的取值。值得注意的是,此时损失函数是一个关于模型参数的方程,也就是说模型参数此时成了损失函数的自变量。

而要求解损失函数最小值,就需要记住一些优化理论和优化算法。当然,此处的优化理论和算法都是一些无约束条件下进行函数极值求解的方法。利用优化方法求解损失函数最小值及其取得最小值时损失函数自变量(也就是模型参数)的取值过程又称损失函数求解。

2. 图形展示损失函数

为更好地讨论损失函数(SSELoss)求最小值的过程,对于上述二元损失函数来说,可以将其展示在三维空间内,三维空间坐标分别为 w、b、SSELoss。此处可以使用 Python 中的 matplotlib 包和 Axes3D 函数进行三维图像绘制,有

$$SSELoss(w,b) = (y_1 - \hat{y}_1)^2 + (y_2 - \hat{y}_2)^2 = (2 - w - b)^2 + (4 - 3w - b)^2$$

程序代码如下:

```
import matplotlib as mpl
import matplotlib. pyplot as plt
from mpl_toolkits. mplot3d import Axes3D
x = np. arange( - 1,3,0.05)
y = np. arange( - 1,3,0.05)
w, b = np. meshgrid( x, y)
SSE = (2 - w - b) * * 2 + (4 - 3 * w - b) * * 2
ax = plt. axes( projection = '3d')
ax. plot_surface( w, b, SSE, cmap = 'rainbow')
# 生成 z 方向投影,投到 x - y 平面
ax. contour( w, b, SSE, zdir = 'z', offset = 0, cmap = "rainbow")
plt. xlabel( 'w')
plt. ylabel( 'b')
plt. show( )
```

根据图 2.5 所示的损失函数图像,大概能判断损失函数最小值点位置。

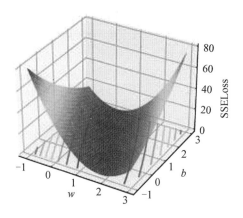

图 2.5　损失函数图像

3. 函数的凹凸性

初步探索函数图像,不难看出目标函数是一个整体看起来"向下凸"的函数。从理论出发可知,函数的凹凸性是函数的重要性质,也是涉及损失函数求解方法选取的重要性质。这里首先给出凸函数的一般定义:对于任意一个函数,如果函数 $f(x)$ 上存在任意两个点即 x_1 和 x_2,且有

$$\frac{f(x_1) + f(x_2)}{2} \geqslant f\left(\frac{x_1 + x_2}{2}\right)$$

就判定这个函数是凸函数。

这里需要注意的是,凸函数的定义存在一定的"不一致"。与之前一样,此处不做过多学术讨论,仅以"向下凸"的函数作为凸函数的一般定义。此外,除函数定义法处,还可以通过凸集／凹集来定义凸函数。同时,很多机器学习模型所构建的损失函数都是凸函数,因此关于凸函数的优化方法(找到最小值的方法)也就成了机器学习建模过程中最常用的优化方法,而凸优化的相关理论也逐渐成为算法工程师的必修课。

典型的凸函数如 $y = x^2$,可以绘制图 2.6 所示的函数图像,代码如下:

```
x = np. arange( - 10,10,0.1)
y = x * * 2
plt. plot(x, y,' - ')
plt. show( )
```

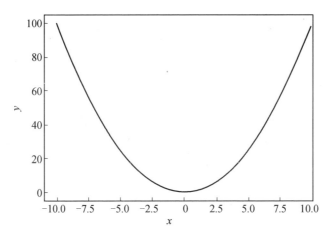

图2.6　损失函数图像

不难看出,函数上任意两个点 y 取值的均值(函数值的均值)都不小于这两个点均值的 y 的值(均值的函数值)(图2.7),代码如下:

```
# 函数值的均值
# x1 = 1, x2 = 3
(1 ** 2 + 3 ** 2)/2
# 均值的函数值
# x1 = 1, x2 = 3
((1 + 3)/2) ** 2
```

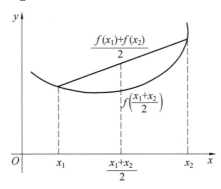

图2.7　函数示意图

而对于一个凸函数来说,全域最小值明显存在。求解凸函数的最小值有很多种方法,其中最为基础的方法称为最小二乘法。并且,虽然此处略过了相关证明过程,但上述 SSELoss 本质上也是一个凸函数。因此,可以通过最小二乘法对 SSELoss 进行求解。

4. 最小二乘法理论基础

先抛开公式,从一个简单的角度理解最小二乘法。从 $y = x^2$ 函数中不难看出,函数全域最小值点为 $x = 0$ 点,同时该点对应的函数切线与 x 轴平行,也就是在最小值点,函数的导数为 0。其实这并不难理解,在最小值点左边函数逐渐递减,而在最小值点右边函数逐渐递增,最小值点左右两边函数单调性相反。这种性质其实可以拓展为凸函数关于求解最小值的如下一般性质。

(1) 对于一元函数,如果存在导数为 0 的点,则该点就是最小值点。

(2) 对于多元函数,如果存在某一点,使得函数的各个自变量的偏导数都为 0,则该点就是最小值点。

据此,就找到了最小二乘法求解凸函数最小值的基本出发点,即通过寻找损失函数导函数(或偏导函数联立的方程组)为 0 的点,求解损失函数的最小值。

关于驻点、临界点、边界点和拐点的概念讨论如下。

其实从更严格的意义上来说,凸函数的最小值点其实是根据边界点和驻点(导数为 0 的点)决定的。如果没有边界点且没有驻点,则函数没有最小值(如 $y = x$);如果存在边界点但没有驻点,则边界点的一侧就是最小值点;如果存在驻点(且左右两边单调性相反),则驻点就是最小值点。例如,对于 $y = x^2$,$y' = 2x$,$2x = 0$ 时 x 取值为 0,也就是 0 点就是最小值点。值得注意的是,驻点也可以说是临界点,但不是拐点,拐点特指左右两边函数凹凸性发生变化的点,切勿与驻点混淆。

5. 最小二乘法求解 SSELoss

接下来尝试利用最小二乘法求解 SSELoss。根据上述理论,使用最小二乘法求解 SSELoss,即

$$SSELoss = (2 - w - b)^2 + (4 - 3w - b)^2$$

其本质就是找到能够令损失函数偏导数取值都为零的一组 (w, b)。SSELoss 的两个偏导数计算过程为

$$\frac{\partial SSELoss}{\partial(w)} = 2(2 - w - b) \times (-1) + 2(4 - 3w - b) \times (-3)$$
$$= 20w + 8b - 28$$
$$= 0 \tag{2.1}$$

$$\frac{\partial SSELoss}{\partial(b)} = 2(2 - w - b) \times (-1) + 2(4 - 3w - b) \times (-1)$$
$$= 8w + 4b - 12$$
$$= 0 \tag{2.2}$$

式(2.1) - 式(2.2) × 2 可得

$$4w - 4 = 0, w = 1$$

将 $w = 1$ 代入式(2.2)中可得

$$4b - 4 = 0, b = 1$$

最终可得损失函数最小值点为 $(1,1)$ ，即当 $w = 1, b = 1$ 时，模型损失函数计算结果最小，模型 SSE 取值最小，模型效果最好，此时 SSE = 0，线性回归模型计算结果为

$$y = x + 1$$

至此，就完成了一个机器学习建模的完整流程。

第四节　建 模 流 程

作为本节重点学习对象，此处整体梳理一下机器学习的一般建模流程。

一、提出基本模型

本节尝试利用简单线性回归去捕捉一个简单数据集中的基本数据规律，这里的 $y = wx + b$ 就是所提出的基本模型。当然，在后续的学习过程中，还将接触诸多不同种类的机器学习模型，而不同的模型也有对应的适用场景。值得注意的是，在提出模型时，往往会预设好一些影响模型结构或实际判别性能的参数，如简单线性回归中的 w 和 b 。

二、确定损失函数

接下来围绕建模的目标构建评估指标，并且围绕评估指标设置损失函数。在本例中，模型评估指标与损失函数的建模流程相同。这里尤其需要反复提醒的是，损失函数不是模型，而是模型参数所组成的一个函数。

三、根据损失函数性质，选择优化方法

前面提到，损失函数既承载了优化的目标（让预测值与真实值尽可能接近），又包含了模型参数的函数，当围绕目标函数求解最小值时，也就完成了模型参数的求解。当然，这个过程本质上就是一个数学的最优化过程，求解目标函数最小值本质上也就是一个最优化问题，而要解决这个问题，就需要灵活使用一些最优化方法。当然，在具体的最优化方法的选择上，函数本身的性质是重要影响因素。也就是说，不同类型、不同性质的函数会影响优化方法的选择。在简单线性回归中，由于目标函数是凸函数，因此根据凸函数性质，选取了最小二乘法作为该损失函数的优化算法。但实际上，简单线性回归的损失函数

其实是所有机器学习模型中最简单的一类损失函数,后续还将介绍其他模型更加复杂的损失函数及对应的损失函数求解方法。

四、利用优化算法进行损失函数求解

在确定优化方法之后,就能够借助优化方法对损失函数进行求解。当然,在大多数情况下都是求解损失函数的最小值。而伴随损失函数最小值点确定,也就找到了一组对应的损失函数自变量的取值,而该组自变量的取值也就是模型的最佳参数。本章通过优化方法求解损失函数的过程还是非常简单的,后续在学习更加复杂的损失函数并使用更加复杂的优化算法案进行求解时,会发现损失函数的求解过程才是建模的主体。

截至目前,并未在数学理论和代码上展开讨论,此处也是希望能够在数学理论和代码难度不设门槛的情况下先行介绍关于机器学习基础理论及机器学习的一般建模流程。

第三章　　文件管理和 KNN

第一节　　设置工作文件夹

启动运行 Jupyter Notebook 后,Jupyter Notebook 网页打开的是默认的本地工作文件夹,一般为 Windows 用户文件夹,本书示例是 C:\Users\Administrator。在该文件夹中一般已经有很多子文件夹和其他文件,不是理想的工作文件夹。在演示时经常看到文件夹比较乱,所以应该把所有的 ipynb 文件放到统一的文件夹中。

一、Jupyter Notebook 配置文件生成

(1)Jupyter Notebook 安装后,如果按默认配置运行,不需要配置文件,启动运行后也不会生成配置文件。要生成可修改的配置文件,需要在 cmd 窗口输入以下命令并按回车:

jupyter notebook --generate - config

(2) 该命令会在 Windows 用户文件 C:\Users\Administrator 中生成子文件夹.jupyter,并在其中生成 Jupyter Notebook 配置文件 jupyter_notebook_config.py,配置文件中的配置设定为默认配置(图 3.1)。

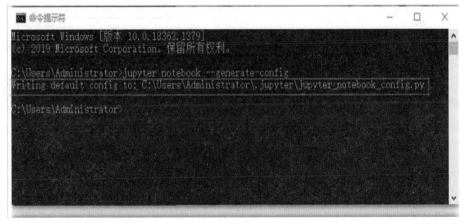

(a)

图 3.1　　配置文件位置

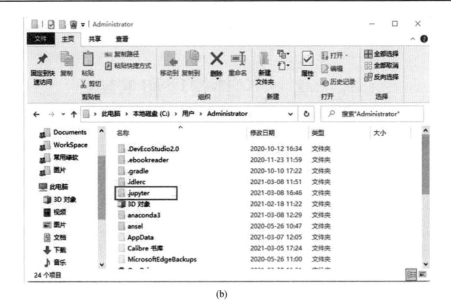

(b)

续图 3.1

（3）如果以前生成过配置文件,则输入上述命令后,会询问是否覆盖原有的配置文件,默认不覆盖,除非输入 y 后按回车即以默认配置覆盖原有配置文件。

二、在命令行窗口设定 Jupyter Notebook 的工作文件夹

Jupyter Notebook 配置文件生成后,由于配置文件中设定的配置为默认配置,因此打开的本地工作文件夹认为是默认工作文件夹,一般为 Windows 用户文件夹。

（1）用 Notepad＋＋等文本编辑器打开已经生成的配置文件 jupyter_notebook_config. py（图 3.2）。

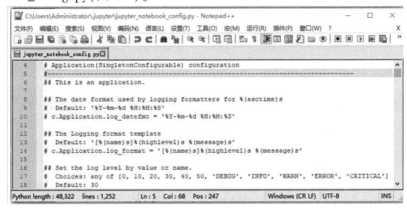

图 3.2　打开配置文件

（2）在编辑器中通过查找关键词 c. NotebookApp. notebook_dir 来查找到配置文件中的本地工作文件夹设定语句（图3.3）。

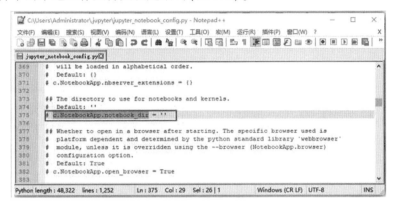

图3.3 修改文件位置

（3）在该语句的引号中间输入（为避免差错，最好复制）理想的本地工作文件夹的路径。但由于配置文件是 一个 Python 脚本文件，因此在 Python 解释器中把"\"解释为转义符，需要对路径做适当修改，如理想本地工作文件夹的路径是 C:\Users\Administrator\OneDrive\WorkSpace\Jupyter，故将语句改成 C:\Users\Administrator\OneDrive\WorkSpace\Jupyter，否则解释器在解释该语句时会出现语法错误，配置不生效（图3.4）。

图3.4 Jupyter 启动界面

同理，为让 Python 解释器正确解释该语句，需要把句首的"#"及后面的空格（必须）全部删除，如果（哪怕还有一个）空格不删除，解释器在解释该语句时就会出现缩进错误，配置不生效，打开的本地工作文件夹仍然为默认本地工作文件夹。

（4）经试验，把配置文件中本地工作文件夹设定语句改成以下三种形式，效果完全一致：

c. NotebookApp. notebook_dir ＝ 'C:\Users\Administrator\OneDrive\WorkSpace\Jupyter' # 正确写法 1

c. NotebookApp. notebook_dir ＝ r'C:\Users\Administrator\OneDrive\WorkSpace\Jupyter'# 正确写法 2

c. NotebookApp. notebook_dir ＝ 'C:/Users/Administrator/OneDrive/WorkSpace/Jupyter' # 正确写法 3

（5）经过生成配置文件，并按上面要求修改该文件 jupyter_notebook_config. py 后，在命令行窗口启动运行 Jupyter Notebook，即在 Jupyter 工作网页打开了理想的本地工作文件夹，本书示例为文件夹 C:\Users\Administrator\OneDrive\WorkSpace\Jupyter，里面尚无任何代码文件、其他文件和子文件夹。

三、设定快捷方式运行 **Jupyter Notebook** 的工作文件夹

按上述要求修改了配置文件后，快捷方式运行 Jupyter Notebook 还是打开默认本地工作文件夹，须进一步设定。

（1）打开 Windows 开始菜单→Jupyter Notebook 快捷方式右键菜单→"属性（R）"项，即打开了 Jupyter Notebook 快捷方式属性对话框（图 3.5）。

图 3.5　查看 Jupyter 位置

（2）在 Jupyter Notebook 快捷方式属性对话框的"目标（T）"项末尾删除
""%USERPROFILE%/""后点击确定，Jupyter Notebook 快捷方式启动运行
Jupyter Notebook 即能打开理想的本地工作文件夹（图 3.6）。

图 3.6　快捷键配置

这样，通过运行快捷方式，可以实现同样的结果。

第二节　虚拟环境的设置

一、conda 相关命令用法

1. 查看环境列表

conda env list

2. 查看帮助

conda config –h

conda –h

3. 激活环境

conda activate pytorch – gpu（自己的环境名）

4. 删除环境

删除环境前，需要先退出环境。删除某个环境时，一定不能在该环境下删

除,一般都是在 base 环境下删除创建过的环境:

conda deactivate

conda remove -n your_env_name --all

5. 创建环境

conda create -n your_env_name python = x. x

Anaconda 命令创建的 Python 版本为 x. x,名字为 your_env_name 的虚拟环境。your_env_name 文件可以在 Anaconda 安装目录 envs 文件下找到。例如:

conda create -n myenv python == 3. 10

6. 安装某个版本包

conda install -n 环境名 包名 == 版本号

conda install -n python310 scrapy == 2. 6. 1

7. 查找包

conda search scrapy

或者

conda search scrapy == 2. 6. 1

二、虚拟环境设置

在进行数据科学任务时,需要使用不同版本的 Python,这时要用到虚拟环境,但是默认情况下是不能切换虚拟环境的,如图 3.7 所示。

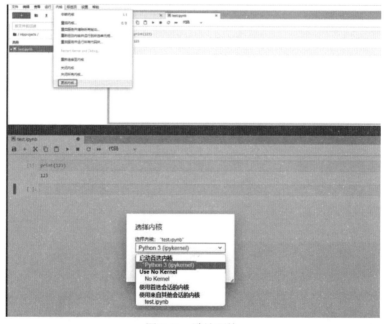

图 3.7　默认环境

或者查看内核列表,有两个位置可以查看和切换(图3.8)。

图 3.8　Jupyter 内核列表

可以看到,默认情况下只有自带的主环境,对应于 conda 中的 base,而无法显示已经创建好的虚拟环境。此时可以按照以下步骤配置。

(1) 创建虚拟环境,并给创建好的虚拟环境添加 ipykernel:

conda create -n nlpbase ipykernel python = x. x -y

conda create -n nlpbase python = x. x -y

如果没有 ipykernel 选项,则需要执行 pip install -i https://pypi. tuna. tsinghua. edu. cn/simpleipykernel 安装 ipykernel,哪个环境要装入 Jupyter 就激活哪个虚拟环境。其中,nlpbase 为虚拟环境名,可以根据需要进行修改。

(2) 激活进入虚拟环境。

执行命令,进入创建好的虚拟环境:

conda activate nlpbase

(3) 将虚拟环境写入 Jupyter 的 kernel 中命令格式:

python -m ipykernel install --user --name 虚拟环境名 --display-name ″虚拟环境名″

其中,第一个虚拟环境名表示已经创建好的虚拟环境名称;第二个虚拟环境名表示想要其在 Jupyter Lab 的 kernel 列表中显示的名称。例如:

python – m ipykernel install –– user –– name nlpbase –– display – name "nlpbase"

用以下命令查看已经安装好的虚拟环境的 kernel:

jupyter kernelspec list

(4) 在 Jupyter Lab 中刷新确认。

配置好后,刷新 Jupyter Lab 的页面,再查看内核列表(图 3.9)。

图 3.9 查看内核列表

第三节 KNN 算法原理

一、概念

简单地说,K 邻近算法(K – nearest neighbor,KNN) 采用测量不同特征值之间的距离方法进行分类。

二、KNN 案例:如何进行电影分类

众所周知,电影可以按照题材分类。然而,题材本身是如何定义的? 由谁来判定某部电影属于哪个题材? 也就是说,同一题材的电影具有哪些公共特征? 这些都是在进行电影分类时必须要考虑的问题。没有哪个电影人会说自己制作的电影与以前的某部电影类似,但每部电影在风格上的确有可能会与同题材的电影相近。那么动作片具有哪些共有特征,使得动作片之间非常类似,

而与爱情片存在着明显的差别呢? 动作片中可能存在亲吻镜头,爱情片中也可能存在打斗场景,不能单纯依靠是否存在打斗或亲吻来判断影片的类型。但是爱情片中的亲吻镜头更多,动作片中的打斗场景也更频繁,基于此类场景在某部电影中出现的次数可以用来进行电影分类。

认为存在一个样本数据集合,又称训练样本集,并且样本集中每个数据都存在标签,即知道样本集中每一数据与所属分类的对应关系。输入没有标签的新数据后,将新数据的每个特征与样本集中数据对应的特征进行比较,然后算法提取样本集中特征最相似数据(最近邻) 的分类标签。一般来说,只选择样本数据集中前 K 个最相似的数据,这就是 KNN 算法中 K 的出处,通常 K 是不大于 20 的整数。最后 ,选择 K 个最相似数据中出现次数最多的分类作为新数据的分类。

回到前面电影分类的例子,使用 KNN 算法分类爱情片和动作片。有人曾经统计过很多电影的打斗镜头和亲吻镜头,表 3.1 中显示了六部电影的打斗和亲吻次数。假如有一部未看过的电影,如何确定它是爱情片还是动作片呢? 可以使用 KNN 算法来解决这个问题。

首先需要知道这个未知电影存在多少个打斗镜头和亲吻镜头,表 3.1 中问号位置是该未知电影出现的镜头数图形化展示。

表 3.1　电影镜头内容

电影名称	打斗镜头	亲吻镜头	电影类型
California Man	3	104	爱情片
He's Not Really into Dudes	2	100	爱情片
Beautiful Woman	1	81	爱情片
Kevin Longblade	101	10	动作片
Robo Slayer 3000	99	5	动作片
Amped Ⅱ	98	2	动作片
?	18	90	未知

即使不知道未知电影属于哪种类型,也可以通过某种方法计算出来。首先计算未知电影与样本集中其他电影的距离,见表 3.2。

表 3.2　距离计算

电影名称	与未知电影的距离
California Man	20.5
He's Not Really into Dudes	18.7
Beautiful Woman	19.2
Kevin Longblade	115.3
Robo Slayer 3000	117.4
Amped Ⅱ	118.9

现在得到了样本集中所有电影与未知电影的距离,按照距离递增排序,可以找到 K 个距离最近的电影。假定 $K = 3$,则三个最靠近的电影依次是 California Man、He's Not Really into Dudes、Beautiful Woman。KNN 算法按照距离最近的三部电影的类型确定未知电影的类型,而这三部电影全是爱情片,因此判定未知电影是爱情片。

第四节　预 测 案 例

```
import pandas as pd
from sklearn. preprocessing import MinMaxScaler
import numpy as np
# 加载数据
df = pd. read_csv(r'D:\pythonstudy\ 学业指导 \adults. txt')
df
# 样本数据的提取
target = df['salary']
feature = df[['age','education_num','occupation','hours_per_week']]
df. info()
target
feature
feature. shape,target. shape
```

$((32561,4),(32561,))$

\# 数据集拆分

```
x_train,x_test,y_train,y_test = train_test_split(feature,target,test_size =
0.1,random_state = 2020)
occ_one_hot = pd.get_dummies(x_train["occupation"])
occ_one_hot
x_train = pd.concat((x_train,occ_one_hot),axis = 1).drop(labels =
'occupation',axis = 1)
x_train
knn = KNeighborsClassifier(n_neighbors = 33).fit(x_train,y_train)
```

\# 对测试集的特征进行 one - hot 编码

```
occ_one_hot_test = pd.get_dummies(x_test['occupation'])
x_test = pd.concat((x_test,occ_one_hot_test),axis = 1).drop(labels =
'occupation',axis = 1)
knn.score(x_test,y_test)
0.7955173472520725
```

\# 学习曲线寻找最优的 k 值

```
scores = []
ks = []
for i in range(5,100):
    knn = KNeighborsClassifier(n_neighbors = i)
    knn.fit(x_train,y_train)
    score = knn.score(x_test,y_test)
    scores.append(score)
    ks.append(i)
scores_arr = np.array(scores)
ks_arr = np.array(ks)
% matplotlib inline
import matplotlib.pyplot as plt
```

```
plt.plot(ks_arr,scores_arr)
plt.xlabel('k_value')
plt.ylabel('score')
```

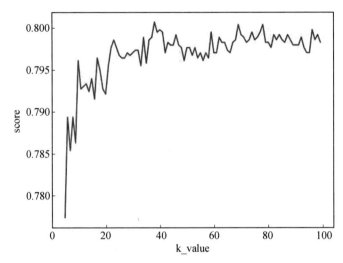

```
#最大值的下标
scores_arr.argmax()
33
ks_arr[33]#最高分值对应的k值是38
38
scores_arr[33]
0.8007368744243168
```

第五节　K折交叉验证

使用K折交叉验证选出最为适合的模型超参数的取值,然后将超参数的值作用到模型的创建中。主要思路如下。

(1)将数据集平均分割成K个等份。

(2)使用一份数据作为测试数据,其余作为训练数据。

(3)计算测试准确率。

(4)使用不同的测试集,重复(2)和(3)。

(5)对准确率做平均,作为对未知数据预测准确率的估计。

K 折交叉验证在 KNN 中的基本使用如下：

```
from sklearn. model_selection import cross_val_score
scores = [ ]
ks = [ ]
iris = datasets. load_iris( )
feature = iris['data']
target = iris['target']
# 拆分出训练集和测试集
x_train,x_test,y_train,y_test = train_test_split(feature,target,test_size = 0. 2,random_state = 2020)
for k in range(3,20):
knn = KNeighborsClassifier(n_neighbors = k)
    score = cross_val_score(knn,x_train,y_train,cv = 6). mean( )
    scores. append(score)
    ks. append(k)
plt. plot(ks,scores)
scores. index(max(scores))
```

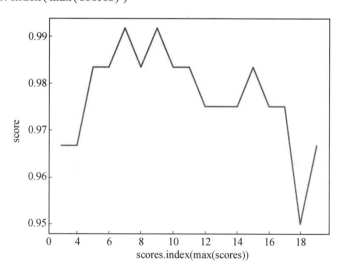

```
4
ks[4]
```

第四章　线性回归

线性回归是回归算法中最简单实用的算法之一。在机器学习中很多知识点都是通用的,掌握一个算法相当于掌握一种思路,其他算法中会继续沿用这个思路。

假设某个人去银行准备贷款,银行首先会了解这个人的基本信息,如年龄、工资等,然后输入银行的评估系统中,以此决定是否发放贷款及确定贷款的额度。银行是如何进行评估的呢?下面详细介绍银行评估系统的建模过程。假设表4.1是银行贷款数据,相当于历史数据。

表4.1　银行贷款数据

工资 / 元	年龄 / 岁	额度 / 元
4 000	25	20 000
8 000	30	70 000
5 000	28	35 000
7 500	33	50 000
12 000	40	85 000

银行评估系统要做的就是基于历史数据建立一个合适的回归模型,只要有新数据传入模型中,就会返回一个合适的预测结果值。这里,工资和年龄都是所需的数据特征指标,分别用 x_1 和 x_2 表示;贷款额度就是最终想要得到的预测结果,也可以称为标签,用 y 表示。其目的是得到 x_1、x_2 与 y 之间的联系,一旦找到它们之间合适的关系,问题就解决了。

第一节　线性回归方程

即使在目标明确后,数据特征与输出结果之间的联系也并不是能够轻易得到的,因为在实际数据中,并不是所有数据点都整齐地排列成一条线。

数据点实际位置如图4.1所示,圆点代表输入数据,也就是用户实际得到的贷款金额,表示真实值;平面代表模型预测的结果,表示预测值。可以观察到实际贷款金额是由数据特征 x_1 和 x_2 共同决定的。由于输入的特征数据都会对结果产生影响,因此需要知道 x_1 和 x_2 对 y 产生多大影响。可以用参数 $\boldsymbol{\theta}$ 来表示这

个含义,假设 θ_1 表示年龄的参数,θ_2 表示工资的参数,拟合的平面计算公式为

$$h_{\boldsymbol{\theta}}(x) = \theta_0 + \theta_1 x_1 + \theta_2 x_2 = \sum_{1=0}^{n} \theta_i x_i = \boldsymbol{\theta}^{\mathrm{T}} x$$

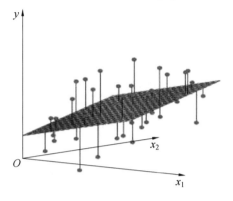

图 4.1　数据点实际位置

既然已经给出回归方程,那么找到最合适的参数 $\boldsymbol{\theta}$,这个问题就解决了。注意,在进行数值计算时,为使整体能用矩阵的形式表达,即便没有 x_0 项,也可以手动添加,只需要在数据中加入一列 x_0 并使其值全部为 1 即可,结果不变。

第二节　误差分析

通过上面分析,可以发现一个问题:回归方程的预测值与样本点的真实值并不是一一对应的,数据的真实值与预测值之间是有差异的,这个差异项通常称为误差项 ε。它们之间的关系可以这样解释:在样本中,每一个真实值和预测值之间都会存在一个误差。则有

$$y^{(i)} = \boldsymbol{\theta}^{\mathrm{T}} x^{(i)} + \varepsilon^{(i)}$$

式中,i 为样本编号;$\boldsymbol{\theta}^{\mathrm{T}} x^{(i)}$ 为预测值;$y^{(i)}$ 为真实值。

接下来所有的分析与推导都是由这个误差项产生的,误差项 ε 独立且具有相同的分布,并且服从均值为 0、方差为 θ^2 的高斯分布。例如,张三和李四一起贷款,二人没有关系也互不影响,这就是独立关系,银行会平等地对待他们。相同分布是指符合同样的规则,如张三和李四分别去农业银行和建设银行,这就很难进行对比分析了,因为不同银行的规则不同,需在相同银行的条件下建立这个回归模型。高斯分布用于描述正常情况下误差的状态,银行贷款时可能会多给一些,也可能会少给一些,但是绝大多数情况下这个浮动不会太大,如多或少三五百元。极少情况下浮动较大,如突然多给 20 万,这种可能性就不大。从图 4.2 所示高斯分布曲线中可以发现在均值两侧较近地方的可能性较大,越偏

离的情况可能性就越小。

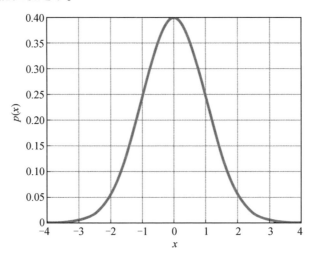

图 4.2　高斯分布曲线

第三节　似然函数求解

高斯分布的表达式为

$$p(\varepsilon^{(i)}) = \frac{1}{\sqrt{2\pi}\,\sigma}\mathrm{e}^{-\frac{(\varepsilon^{(i)})^2}{2\sigma^2}}$$

对这个公式应该并不陌生,但是回归方程中要求的是参数 $\boldsymbol{\theta}$,可以转换一下,将

$$y^{(i)} = \boldsymbol{\theta}^{\mathrm{T}}x^{(i)} + \varepsilon^{(i)}$$

代入上面的公式,可得

$$p(y^{(i)} \mid x^{(i)};\boldsymbol{\theta}) = \frac{1}{\sqrt{2\pi}\,\sigma}\mathrm{e}^{-\frac{(y^{(i)}-\boldsymbol{\theta}^{\mathrm{T}}x^{(i)})^2}{2\sigma^2}}$$

先来介绍一下似然函数:假设参加超市的抽奖活动,但是事先并不知道中奖的概率是多少,观察一会儿可以发现,前面连着 10 个参与者都获奖了,即前 10 个样本数据都得到了相同的结果,那么接下来就会有 100% 的信心认为自己也会中奖。因此,如果超市中奖这件事受一组参数控制,则似然函数就是通过观察样本数据的情况来选择最合适的参数,从而得到与样本数据相似的结果。

现在解释一下上面公式的含义,基本思路就是找到最合适的参数来拟合数据点,可以把它当作参数与数据组合后得到的与标签值一样的可能性大小(如果预测值与标签值一模一样,那就做得很完美了)。对于这个可能性来说,大点好还是小点好呢？当然是大点好,因为得到的预测值与真实值越接近,意味着回归方程做得越好。因此,就有了极大似然估计,找到最好的参数 $\boldsymbol{\theta}$,使其与 X 组合后能够成为 Y 的可能性越大越好。

似然函数的定义为

$$L(\boldsymbol{\theta}) = \prod_{i=1}^{m} p(y^{(i)} \mid x^{(i)};\boldsymbol{\theta}) = \prod_{i=1}^{m} \frac{1}{\sqrt{2\pi}\,\sigma} e^{-\frac{(y^{(i)}-\boldsymbol{\theta}^{\mathrm{T}}x^{(i)})^2}{2\sigma^2}}$$

式中,i 为当前样本;m 为整个数据集样本的个数。

此外,还要考虑建立的回归模型是满足部分样本点还是全部样本点。因为要尽可能满足数据集整体,所以需要考虑所有样本。如何解决乘法问题呢？一旦数据量较大,这个公式就会相当复杂,需要对似然函数进行对数变换,让计算简便一些。

如果对上式做变换,得到的结果值可能会与原来的目标值不一样,但是在求解过程中希望得到极值点,也就是能使 $L(\boldsymbol{\theta})$ 更大的参数 $\boldsymbol{\theta}$,所以当进行变换操作时,保证极值点不变即可。

对上式两边计算其对数结果,可得

$$
\begin{aligned}
\log L(\boldsymbol{\theta}) &= \log \prod_{i=1}^{m} \frac{1}{\sqrt{2\pi}\,\sigma} e^{-\frac{(y^{(i)}-\boldsymbol{\theta}^{\mathrm{T}}x^{(i)})^2}{2\sigma^2}} \\
&= \sum_{i=1}^{m} \log \frac{1}{\sqrt{2\pi}\,\sigma} e^{-\frac{(y^{(i)}-\boldsymbol{\theta}^{\mathrm{T}}x^{(i)})^2}{2\sigma^2}} \\
&= m\log \frac{1}{\sqrt{2\pi}\,\sigma} - \frac{1}{\sigma} \times \frac{1}{2} \sum_{i=1}^{m} (y^{(i)} - \boldsymbol{\theta}^{\mathrm{T}}x^{(i)})^2
\end{aligned}
$$

减号两侧可以分成两部分:左边部分 $\log \dfrac{1}{\sqrt{2\pi}\,\sigma}$ 可以当作一个常数项,因为它与参数 $\boldsymbol{\theta}$ 没有关系;右边部分 $\dfrac{1}{\sigma} \times \dfrac{1}{2} \displaystyle\sum_{i=1}^{m} (y^{(i)} - \boldsymbol{\theta}^{\mathrm{T}}x^{(i)})^2$ 由于有平方项,且要求极大值,因此这个项越小越好。$\dfrac{1}{\sigma}$ 为常数,故 $\dfrac{1}{2} \displaystyle\sum_{i=1}^{m} (y^{(i)} - \boldsymbol{\theta}^{\mathrm{T}}x^{(i)})^2$ 越小越好。

第四节　回 归 求 解

得出目标函数后,列出目标函数,有

$$J(\boldsymbol{\theta}) = \frac{1}{2} \sum_{i=1}^{m} (h_{\boldsymbol{\theta}}(x^{(i)}) - y^{(i)})^2 = \frac{1}{2}(X\boldsymbol{\theta} - y)^{\mathrm{T}}(X\boldsymbol{\theta} - y)$$

要求极值(使其得到最小值的参数 $\boldsymbol{\theta}$),对式子计算其偏导数即可,则有

$$\nabla_\theta J(\theta) = \nabla_\theta\left(\frac{1}{2}(X\theta - y)^{\mathrm{T}}(X\theta - y)\right) = \nabla_\theta\left(\frac{1}{2}(\theta^{\mathrm{T}}X^{\mathrm{T}} - y^{\mathrm{T}})(X\theta - y)\right)$$

$$= \nabla_\theta\left(\frac{1}{2}(\theta^{\mathrm{T}}X^{\mathrm{T}}X\theta - \theta^{\mathrm{T}}X^{\mathrm{T}}y - y^{\mathrm{T}}X\theta + y^{\mathrm{T}}y)\right)$$

$$= \nabla_\theta(2X^{\mathrm{T}}X\theta - X^{\mathrm{T}}y - (y^{\mathrm{T}}X)^{\mathrm{T}})$$

$$= X^{\mathrm{T}}X\theta - X^{\mathrm{T}}y = 0$$

$$\Rightarrow \theta = (X^{\mathrm{T}}X)^{-1}X^{\mathrm{T}}y$$

最后的求导结果有一个问题,就是如果该式的矩阵不可逆,如何进行求导。机器学习更多的不是求完美解,而是不断优化以寻找更合适的参数求最优解。当给定一个目标函数之后,自然就是想办法使真实值与预测值之间的差异越小越好。可以用梯度下降来解决这个问题。

第五节　梯 度 下 降

学习梯度下降之前,先想想下山问题(图4.3)。这里把目标函数比作山,到底是上山还是下山问题,取决于优化的目标是越大越好(上山)还是越小越好(下山),而基于最小二乘法判断是下山问题。该如何下山呢? 有两个因素可控制:方向和步长。首先需要知道沿着什么方向走,并且按照该方向前进,在山顶大致看很多条路可以下山,是不是随便选择一个差不多的方向呢? 现在情况有点紧急,目标函数不会让你慢慢散步下去,而是希望能够快速准确地到达山坡最低点。这时就需要梯度下降算法。

图 4.3　下山示意图

一、下山方向选择

首先需要明确的是什么方向能够使得下山最快,那必然是最陡峭的,也就是当前位置梯度的反方向。目标函数 $J(\theta)$ 关于参数 θ 的梯度是函数上升最快的方向,此时是一个下山问题,所以是梯度的反方向。当沿着梯度方向下山时,位置也在不断发生变化,所以每前进一小步之后,都需要停下来再观察一下接下来的梯度变成什么方向,每次前进都沿着下山最快也就是梯度的反方向进行(图4.4)。

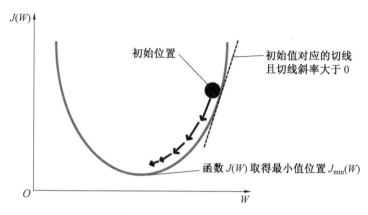

图4.4 梯度下降示意图

到这里,已经对梯度下降有了一个直观的认识了。总结一下,就是当要求一个目标函数极值时,按照机器学习的思想直接求解看起来并不容易,可以逐步求其最优解。首先确定优化的方向(也就是梯度),再去实际走(也就是下降),反复执行这样的步骤,就慢慢完成了梯度下降任务,每次优化一点,累计起来就是一个大成绩。

二、梯度下降优化

要优化的目标函数为

$$J(\boldsymbol{\theta}) = \frac{1}{2} \sum_{i=1}^{m} \left(h_{\boldsymbol{\theta}}(x^{(i)}) - y^{(i)} \right)^2$$

目标就是找到最合适的参数 $\boldsymbol{\theta}$,使得目标函数值最小。这里 x 是数据,y 是标签,都是固定的,所以只有参数 $\boldsymbol{\theta}$ 会对最终结果产生影响。此外,还需注意参数 $\boldsymbol{\theta}$ 并不是一个值,可能是很多个参数共同决定了最终的结果(图4.5)。

当进行优化时,该怎么处理这些参数呢?其中,θ_0 和 θ_1 分别与不同的数据特征进行组合(如工资和年龄),按照之前的想法,既然 θ_0 和 θ_1 是相互独立的,那么在参数优化时自然需要分别考虑 θ_0 和 θ_1 的情况。在实际计算中,需要分别对 θ_0 和 θ_1 求偏导,再进行更新。下面总结一下梯度下降算法。

(1)找到当前最合适的方向,对于每个参数都有其各自的方向。

(2)走一小步,走得越快,方向偏离越多,可能就走错路了。

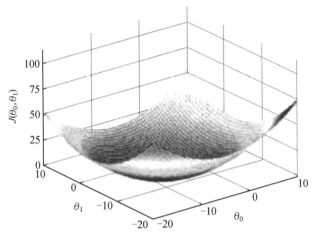

图 4.5　梯度下降三维图

（3）按照方向和步长更新参数。

（4）重复（1）～（3）。

首先要明确目标函数，可以看出多个参数都会对结果产生影响，那么要做的就是在各个参数上去寻找其对应的最合适的方向，接下来就是去走那一小步。为什么是一小步呢？因为当前求得的方向只是瞬时最合适的方向，并不意味着这个方向一直都是正确的，这就要求不断进行尝试，每走一小步都要寻找接下来最合适的方向。

三、梯度下降的本质作用

梯度下降的本质作用是让参数点移动到梯度为 0 的点。当损失函数是严格意义的凸函数时，梯度为 0 的点就是全域最小值点；但如果损失函数不是凸函数，那么梯度为 0 的点就有可能是局部最小值点或鞍点。此时受到局部最小值点或鞍点梯度为 0 的影响，梯度下降无法从该点移出。尽管大多数线性模型的损失函数都是凸函数，但很多复杂机器学习模型所构建的损失函数不一定是严格凸函数。要避免局部最小值点或鞍点陷阱，就必须在梯度下降算法的基础上进行改进。有一种最基础也是最通用的改进办法，就是每次在构建损失函数时代入一小部分数据，从而让参数有机会跳出陷阱，这就是随机梯度下降和小批量梯度下降。在机器学习中的无约束优化算法除梯度下降外，还有前面提到的最小二乘法，以及牛顿法和拟牛顿法。梯度下降法需要选择步长，而最小二乘法不需要选择步长。梯度下降法是迭代求解，最小二乘法是计算解析解。如果样本量不是很大，且存在解析解，则最小二乘法比梯度下降法要有优势，计算速度很快;但如果样本量很大,用最小二乘法需要求一个超级大的逆矩阵,这时就很难或很慢才能求解解析解,此时使用迭代的梯度下降法比较有优势。梯度下降法与牛顿法和拟牛顿法相比,都是迭代求解,不过梯度下降法是梯度求解,而牛顿法和拟牛顿法是用二阶的海森矩阵的逆矩阵或伪逆矩阵求解。相对而言,使用牛顿法和拟牛顿法收敛更快,但是每次迭代的时间比梯度下降法长。

1. 批量梯度下降

批量梯度下降需要考虑所有样本数据,每一次迭代优化计算在公式都需要把所有的样本计算一遍。该方法容易得到最优解,因为每一次迭代时都会选择整体最优的方向。方法虽好,但也存在问题,如果样本数量非常大,就会导致迭代速度非常慢。批量梯度下降的计算公式为

$$\frac{\partial J(\boldsymbol{\theta})}{\partial \theta_j} = -\frac{1}{m}\sum_{i=1}^{m}(h_{\boldsymbol{\theta}}(x^{(i)}) - y^{(i)})x_j^{(i)} = 0 \Rightarrow \theta_j'$$

$$= \theta_j + \alpha\frac{1}{m}\sum_{i=1}^{m}(y^{(i)} - h_{\boldsymbol{\theta}}(x^{(i)}))x_j^{(i)}$$

该公式在更新参数时取了一个负号,这是因为现在要求解的是一个下山问题,即沿着梯度的反方向前进。式中,$\frac{1}{m}$表示对所选择的样本求其平均损失;i表示选择的样本数据;j表示特征。例如,θ_j表示工资所对应的参数,在更新时,数据也需选择工资这一列,这是一一对应的关系。在更新时还涉及系数α,其含义就是更新幅度的大小,也就是之前讨论的步长。

2. 随机梯度下降

考虑批量梯度下降速度的问题,如果每次仅使用一个样本,迭代速度就会大大提升。速度虽快,却不一定每次都向着收敛的方向,因为只考虑一个样本太绝对了,如果拿到的样本是异常点或错误点,可能还会导致结果更差。随机梯度下降的计算公式为

$$\theta_j' = \theta_j + \alpha(y^{(i)} - h_{\boldsymbol{\theta}}(x^{(i)}))x_j^{(i)}$$

它与批量梯度下降计算公式的区别仅在于选择样本数量。

3. 小批量梯度下降

综合考虑批量和随机梯度下降的优缺点,可以选择一部分数据进行计算,可以是10个、100个、1 000个,但是常用的是16、32、64、128这些数字,所以通常见到的小批量梯度下降都是这类值,其实并没有特殊的含义。下面看一下选择10个样本数据进行更新的情况,有

$$\theta_j' = \theta_j + \alpha\frac{1}{10}\sum_{k=i}^{i+9}(y^{(k)} - h_{\boldsymbol{\theta}}(x^{(k)}))x_j^{(i)}$$

第六节　评价指标

回归类算法的模型评估一直是回归算法中的一个难点。回归类与分类型算法的模型评估遵循相似的法则：找预测值与真实值的差异。只不过在分类型算法中，这个差异只有一种角度来评判，即是否预测到了正确的分类；而在回归类算法中，有以下两种不同的角度来看待回归的效果。

（1）是否预测到了正确或接近正确的数值（因为误差的存在）。

（2）是否拟合到了足够的信息，即是否模型预测的结果线性与样本真实的结果的线性更加吻合。

一、是否预测到了正确的数值

使用残差平方和（RSS 或 SSE）评估指标。其本质是预测值与真实值之间的差异，也就是从一种角度来评估回归的效力，所以 RSS 既是损失函数，又是回归类模型的模型评估指标之一。但是，RSS 有着致命的缺点：它是一个无界的和，可以无限大或无限小。想要求解最小的 RSS，从 RSS 的公式来看，它不能为负，所以 RSS 越接近 0 越好。但没有一个概念：究竟多接近 0 才算好？为应对这种状况，scikit - learn 中使用 RSS 的变体即均方误差（MSE）来衡量预测值与真实值的差异，有

$$\text{MSE} = \frac{1}{m} \sum_{i=1}^{m} (y_i - \hat{y}_i)^2$$

均方误差本质是在 RSS 的基础上除以样本总量，得到每个样本量上的平均误差。有了平均误差，就可以将平均误差标签的取值范围（最大值和最小值）在一起比较，以此获得一个较为可靠的评估依据。因为标签的最大值和最小值可以表示标签的一个分布情况，所以将其最大值和最小值与平均误差进行比较，就可以大概看出在每个样本上的误差或错误有多严重。

二、是否拟合了足够的信息

对于回归类算法而言，只探索数据预测是否准确是不足够的。除数据本身的数值大小外，还希望模型能够捕捉到数据的"规律"，如数据的分布规律（抛物线）、单调性等。而是否捕获到这些信息是无法使用 MSE 来衡量的。除判断预测的数值是否正确外，还应判断模型是否拟合了足够多的数值外的信息。为衡量模型对数据上信息量的捕捉，定义了 R^2，其表达式为

$$R^2 = 1 - \frac{\sum_{n=0}^{m} (y_i - \hat{y}_i)^2}{\sum_{n=0}^{m} (y_i - \bar{y})^2} = 1 - \frac{\text{RSS}}{\sum_{n=0}^{m} (y_i - \bar{y})^2}$$

式中,y_i 是真实值;$\hat{y}$ 是预测值;$\bar{y}$ 是均值。$y_i - \bar{y}$ 除以样本量 m 就是方差。方差的本质是任意一个 y 值与样本均值的差异,差异越大,这些值所带的信息越多。在 R^2 中,分子是真实值与预测值的差值,也就是模型没有捕获到的信息总量;分母是真实标签所带的信息量,所以其衡量的是捕获到的信息量占真实标签中所带的信息量的比例。因此,R^2 越接近 1 越好。

第七节　案　　例

一、获取数据,定义问题

数据的介绍在以下地址中:

http://archive.ics.uci.edu/ml/datasets/Combined + Cycle + Power + Plant

数据的下载地址如下:

http://archive.ics.uci.edu/ml/machine − learning − databases/00294/

该数据是一个循环发电场的数据,共有 9 568 个样本数据,每个数据有五列,分别是 AT(温度)、V(压力)、AP(湿度)、RH(压强)、PE(输出电力)。

要解决的问题是找到一个线性关系,对应 PE 是样本输出,而 AT、V、AP、RH 这四个是样本特征, 机器学习的目的就是得到一个线性回归模型,即

$$\text{PE} = \theta_0 + \theta_1 \times \text{AT} + \theta_2 \times V + \theta_3 \times \text{AP} + \theta_4 \times \text{RH}$$

模型需要学习的就是 θ_0、θ_1、θ_2、θ_3、θ_4 这五个参数。

二、整理数据

打开数据文件可以发现数据已经整理好,没有非法数据,因此不需要做预处理。但是这些数据并没有归一化,也就是转化为均值 0、方差 1 的格式。scikit − learn 在线性回归时会先把归一化处理好。

三、用 **pandas** 来读取数据

```
import matplotlib.pyplot as plt
% matplotlib inline
import numpy as np
import pandas as pd
```

```
from sklearn. linear_model import LinearRegression
from sklearn. model_selection import train_test_split
# import os
# os. getcwd( )
data = pd. read_csv('cpp. csv')
```

四、准备运行算法的数据

```
X = data[['AT', 'V', 'AP', 'RH']]
X. head( )
# 接着准备样本输出 y,用 PE 作为样本输出
y = data[['PE']]
y. head( )
```

五、划分训练集和测试集

把 X 和 y 的样本组合划分成两部分:一部分是训练集,一部分是测试集。代码如下:

```
X_train, X_test, y_train, y_test = train_test_split(X, y, random_state = 1)
```

六、运行 **scikit – learn** 的线性模型

可以用 scikit – learn 的线性模型来拟合问题。scikit – learn 的线性回归算法是用最小二乘法实现的。代码如下:

```
linreg = LinearRegression( )
linreg. fit( X_train, y_train)
# 求截距
linreg. intercept_
# 求系数
linreg. coef_
# 查看对应关系
[ * zip( X. columns,linreg. coef_[0])]
```

七、模型评价

```
# 计算 MSE
from sklearn. metrics import mean_squared_error
y_true = y_test
```

```
y_pred = linreg. predict( X_test)
mean_squared_error( y_true , y_pred )
# 计算 r2
from sklearn. metrics import r2_score
r2_score( y_true , linreg. predict( X_test) )
```

八、画图观察结果

```
% matplotlib inline
import matplotlib. pyplot as plt
y_pred = linreg. predict( X_test)
plt. plot( range( len( y_test) ) , sorted( y_test[ "PE"] ) , c = "black" , label = "y_true")
plt. plot( range( len( y_pred) ) , sorted( y_pred) , c = "red" , label = "y_predict")
plt. legend( )
plt. show( )
```

第五章　逻辑回归

逻辑回归又称 logistic 回归分析,是一种广义的线性回归分析模型,属于机器学习中的监督学习。其推导过程和计算方式类似于回归的过程,但实际上主要是用来解决二分类问题(也可以解决多分类问题),通过给定的 n 组数据(训练集)来训练模型,并在训练结束后对给定的一组或多组数据(测试集)进行分类。其中,每一组数据都是由 p 个指标构成的。其本质是由线性回归变化而来的一种广泛使用于分类问题中的广义回归算法。要理解逻辑回归从何而来,要看线性回归。线性回归是机器学习中最简单的的回归算法,它表示为一个几乎人人熟悉的方程(为更好地理解后面讲解到的 Sigmoid 函数,下面的回归函数用 z 来表示),即

$$z = \theta_0 + \theta_1 x_1 + \theta_2 x_2 + \cdots + \theta_n x_n$$

式中,θ_0 称为截距(intercept);$\theta_1 \sim \theta_n$ 称为系数(coefficient)。这个表达式与 $y = ax + b$ 具有同样的性质。可以使用矩阵来表示这个方程,其中 $\boldsymbol{x}$ 和 $\boldsymbol{\theta}$ 都可以看作一个列矩阵,则有

$$z = \begin{bmatrix} \theta_0, \theta_1, \theta_2, \cdots, \theta_n \end{bmatrix} \times \begin{bmatrix} x_0 \\ x_1 \\ \vdots \\ x_n \end{bmatrix}$$

通过函数 z,线性回归使用输入的特征矩阵 $\boldsymbol{X}$ 来输出一组连续型的标签值 y_{pred},以完成各种预测连续变量的任务(如预测产品销量、预测股价等)。如果标签是满足 $0 - 1$ 分布的离散变量,就可以使用逻辑回归。在学习逻辑回归模型之前,先了解一下 Sigmoid 函数。

第一节　Sigmoid　函　数

Sigmoid 函数定义为

$$g(z) = \frac{1}{1 + \mathrm{e}^{-z}}$$

Sigmoid 函数是一个 S 形函数。当自变量 z 趋近正无穷时,因变量 $g(z)$ 趋近于 1;而当 z 趋近负无穷时,$g(z)$ 趋近于 0。它能够将任何实数(非 0 和 1 的标

签数据）映射到(0,1)区间,使其可用于将任意值函数转换为更适合二分类的函数。 因为这个性质,故 Sigmoid 函数也被当作归一化的一种方法,其图像如图 5.1 所示。

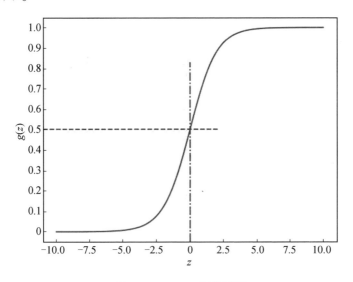

图 5.1 Sigmoid 函数图像

对于 Sigmoid 函数来说,函数是单调递增函数,并且自变量在实数域上取值时,因变量取值范围在(0,1)。当自变量取值小于0时,因变量取值小于0.5;当自变量取值大于0时,因变量取值大于0.5。对该函数求导,有

$$\mathrm{Sigmoid}(x) = \frac{1}{1 + e^{-x}}$$

$$\mathrm{Sigmoid}'(x) = \left(\frac{1}{1 + e^{-x}}\right)' = ((1 + e^{-x})^{-1})'$$

$$= (-1)(1 + e^{-x})^{-2} \cdot (e^{-x})'$$

$$= (1 + e^{-x})^{-2}(e^{-x})'$$

$$= \frac{e^{-x}}{(1 + e^{-x})^2} = \frac{e^{-x} + 1 - 1}{(1 + e^{-x})^2}$$

$$= \frac{1}{1 + e^{-x}} - \frac{1}{(1 + e^{-x})^2}$$

$$= \frac{1}{1 + e^{-x}}\left(1 - \frac{1}{1 + e^{-x}}\right)$$

$$= \mathrm{Sigmoid}(x)(1 - \mathrm{Sigmoid}(x))$$

Sigmoid 函数的导函数可以简单地用 Sigmoid 函数本身来表示。Sigmoid 导函数在实数域上取值大于0,并且函数图像先递增后递减,在0点取得最大值。

由于导函数始终大于 0,因此 Sigmoid 函数始终递增,并且导函数在 0 点取得最大值,Sigmoid 在 0 点变化率最快,而在远离 0 点的点,Sigmoid 导函数取值较小,该区间 Sigmoid 函数变化缓慢。该区间又称 Sigmoid 的饱和区间,0 点为函数拐点,0 点之前函数为凸函数,此后函数为凹函数。

第二节　逻辑回归本质

线性回归中 $z = \boldsymbol{\theta}^{\mathrm{T}} x$,将 z 代入,就得到了二元逻辑回归模型的一般形式,即

$$g(z) = y(\boldsymbol{\theta}^{\mathrm{T}} x) = \frac{1}{1 + \mathrm{e}^{-\boldsymbol{\theta}^{\mathrm{T}} x}}$$

$y(\boldsymbol{\theta}^{\mathrm{T}} x)$ 就是逻辑回归返回的标签值。此时,$y(\boldsymbol{\theta}^{\mathrm{T}} x)$ 的取值都在 $[0,1]$,因此 $y(\boldsymbol{\theta}^{\mathrm{T}} x)$ 与 $1 - y(\boldsymbol{\theta}^{\mathrm{T}} x)$ 相加必然为 1。如果在此基础上取对数,可以很容易地得到

$$\ln \frac{y(x)}{1 - y(x)} = \ln \frac{\dfrac{1}{1 + \mathrm{e}^{-\boldsymbol{\theta}^{\mathrm{T}} x}}}{1 - \dfrac{1}{1 + \mathrm{e}^{-\boldsymbol{\theta}^{\mathrm{T}} x}}} = \ln \frac{\dfrac{1}{1 + \mathrm{e}^{-\boldsymbol{\theta}^{\mathrm{T}} x}}}{\dfrac{\mathrm{e}^{-\boldsymbol{\theta}^{\mathrm{T}} x}}{1 + \mathrm{e}^{-\boldsymbol{\theta}^{\mathrm{T}} x}}}$$

$$\ln \frac{1}{\mathrm{e}^{-\boldsymbol{\theta}^{\mathrm{T}} x}} \ln \mathrm{e}^{-\boldsymbol{\theta}^{\mathrm{T}} x} = \boldsymbol{\theta}^{\mathrm{T}} x$$

不难发现,$y(\boldsymbol{\theta}^{\mathrm{T}} x)$ 逻辑回归的形似几率取对数的本质其实就是线性回归 z,实际上是对线性回归模型的预测结果取对数几率来让其的结果无限逼近 0 和 1。因此,其对应的模型称为对数几率回归(logistic regression),也就是逻辑回归,虽然名为“回归”,却是用来做分类工作的分类器。逻辑回归的形似几率取对数就是线性回归,线性回归解的对数几率就是逻辑回归。因此,逻辑回归是由线性回归变化而来的。

线性回归的核心任务是通过求解 $\boldsymbol{\theta}$ 构建 z 这个预测函数,并希望预测函数 z 能够尽量拟合数据,因此逻辑回归的核心任务也是类似的:求解 $\boldsymbol{\theta}$ 来构建一个能够尽量拟合数据的预测函数 z,并通过向预测函数中输入特征矩阵来获取相应的标签值 y。

第三节　阈　　值

从整体情况来看,逻辑回归在经过 Sigmoid 函数处理之后,将线性方程输出结果压缩在了 0 ~ 1,用该结果再进行回归类的连续数值预测肯定是不合适的。在实际模型应用过程中,逻辑回归主要应用于二分类问题的预测。一般来

说,会将二分类的类别用两个分类水平取值的离散变量来代表,两个分类水平分别为 0 和 1,该离散变量又称 0 – 1 离散变量。

对于逻辑回归输出 $(0,1)$ 的连续型数值,只需要确定一个阈值,就可以将其转化为二分类的类别判别结果。通常来说,这个阈值是 0.5,即以 0.5 为界,调整模型输出结果,有

$$y_{\mathrm{cla}} = \begin{cases} 0, & y < 0.5 \\ 1, & y \geqslant 0.5 \end{cases}$$

关于阈值的选取与 0\1 分类的类别标记:阈值为人工设置的参数,在没有特殊其他要求下,一般取值为 0.5。而关于类别的数值转化,即将哪一类设置为 0,哪一类设置为 1,也完全可以由人工确定,一般来说,会将希望被判别或被识别的类设置为 1,如违约客户、确诊病例等。

第四节　参数估计

在模型基本结构构建完成之后,接下来讨论如何进行逻辑回归的参数估计。参数估计其实就是模型参数求解更加具有统计学风格的称呼。逻辑回归的参数是线性方程中的自变量系数和截距。不过由于加入了 Sigmoid 函数,因此逻辑回归的参数并不能像线性回归一样利用最小二乘法进行快速求解。要求解模型参数,就先必须构造损失函数,然后根据损失函数的基本情况寻找优化算法求解。采用极大似然估计的方法。

逻辑回归模型为

$$y = \frac{1}{1 + \mathrm{e}^{-(\hat{w}^{\mathrm{T}}\hat{x})}}$$

当 $\hat{w}$ 和 $\hat{x}$ 取得一组之后,即可以有一个概率预测输出结果,即

$$p(y = 1 \mid \hat{x}; \hat{w}) = \frac{1}{1 + \mathrm{e}^{-(\hat{w}^{\mathrm{T}}\hat{x})}}$$

而对应 y 取 0 的概率为

$$1 - p(y = 1 \mid \hat{x}; \hat{w}) = 1 - \frac{1}{1 + \mathrm{e}^{-(\hat{w}^{\mathrm{T}}\hat{x})}} = \frac{\mathrm{e}^{-(\hat{w}^{\mathrm{T}}\hat{x})}}{1 + \mathrm{e}^{-(\hat{w}^{\mathrm{T}}\hat{x})}}$$

可以令

$$p_1(\hat{x}; \hat{w}) = p(y = 1 \mid \hat{x}; \hat{w})$$
$$p_0(\hat{x}; \hat{w}) = 1 - p(y = 1 \mid \hat{x}; \hat{w})$$

因此,第 i 个数据所对应的似然项可以写成 $p_1(\hat{x}; \hat{w})^{y_i} \cdot p_0(\hat{x}; \hat{w})^{(1-y_i)}$。接下来通过似然项的累乘计算极大似然函数,有

$$\prod_{i=1}^{N}\big[\,p_1\,(\hat{x};\hat{\boldsymbol{w}})^{y_i}\cdot p_0\,(\hat{x};\hat{\boldsymbol{w}})^{(1-y_i)}\,\big]$$

然后即可在似然函数基础上对其进行对数转换。为方便后续利用优化方法求解最小值,同样考虑构建负数对数似然函数,即

$$
\begin{aligned}
L(\hat{\boldsymbol{w}}) &= -\ln\Big(\prod_{i=1}^{N}\big[\,p_1\,(\hat{x};\hat{\boldsymbol{w}})^{y_i}\cdot p_0\,(\hat{x};\hat{\boldsymbol{w}})^{(1-y_i)}\,\big]\Big) \\
&= \sum_{i=1}^{N}\big[\,-y_i\cdot\ln(p_1(\hat{x};\hat{\boldsymbol{w}}))-(1-y_i)\cdot\ln(p_0(\hat{x};\hat{\boldsymbol{w}}))\,\big] \\
&= \sum_{i=1}^{N}\big[\,-y_i\cdot\ln(p_1(\hat{x};\hat{\boldsymbol{w}}))-(1-y_i)\cdot\ln(1-p_1(\hat{x};\hat{\boldsymbol{w}}))\,\big]
\end{aligned}
$$

可以通过梯度下降法来求解。

第五节　评估指标

分类模型作为使用场景最为广泛的机器学习模型,相关模型评估指标也伴随着使用场景的拓展而不断丰富。除准确率外,常用的二分类模型的模型评估指标还有召回率(recall)、F1 指标(F1 - score)、受试者特征曲线(ROC - AUC)、洛伦兹(KS)曲线等。不同评估指标有对应的不同计算方法,也有不同的使用场景。

接下来依据不同评估指标彼此之间的计算关系来对二分类问题的模型评估指标进行统一介绍,并给出对应指标使用场景的介绍。

一、准确率局限

首先是准确率作为模型评估指标时的局限。整体来看,准确率作为最为通用,同时也是较好理解的评估指标,在机器学习领域仍然存在一定局限。当然,归根结底,这些局限是由准确率本身的计算过程决定的。首先也是最重要的一点,就是准确率在计算过程中,所有样本是"均匀投票"的,也就是说每个样本的判别结果对于最终准确率的影响是相同的。例如,假设总共有 100 条数据进行分类,其中任意一条样本被误判都会且仅会影响 1% 的准确率。如此就会造成两方面的局限。

一方面的局限是对于某些样本极端不平衡的分类数据集来说,准确率很难很好地衡量模型表现,如假设总共有 100 样本,其中类别 0 有 99 条,类别 1 有 1 条,则此时就算模型判别此 100 条样本全都为类别 0,准确率也将达到 99%,但很多时候可能希望的是模型能够将这 1 条识别出来,如癌症病患数据中的癌症患者、金融风控中的欺诈用户等。当然,从更加本质的角度来看,就是在很多

业务场景中,将0错判为1和将1错判为0,实际付出的代价是不一样的,很多时候并不是单纯地追求将所有的0样本都正确地识别为0且将1样本都正确地判别为1,而是根据误判的代价,选择更加激进或更加保守的策略来进行识别。例如,如果将1样本误判为0的代价非常大,而将0样本误判为1的代价并不大,则会采用"宁可错杀一千,不可放过一个"的激进策略来识别1。

另一方面的局限实际上是一个相对隐藏更深的问题。对于哪怕是均衡的分类样本数据集,准确率有时也无法很好地衡量分类模型的分类性能,尤其是模型本身的泛化能力,这也是不以准确率而以交叉熵作为损失函数的另一个原因。

二、混淆矩阵

混淆矩阵(confusion matrix)可以理解为一张表格。

以分类模型中最简单的二分类为例,对于这种问题,模型最终需要判断样本的结果是0还是1,或者说是阳性还是阴性。

通过样本的采集,能够直接知道真实情况下,哪些数据结果是阳性,哪些数据结果是阴性。同时,通过用样本数据得出分类型模型的结果,也可以知道模型认为这些数据哪些是阳性,哪些是阴性。因此,可以得到以下四个基础指标。

(1)TP(true positive)。将正类预测为正类数,真实为0,预测也为0。

(2)FN(false negative)。将正类预测为负类数,真实为0,预测为1。

(3)FP(false positive)。将负类预测为正类数,真实为1,预测为0。

(4)TN(true negative)。将负类预测为负类数,真实为1,预测也为1。

将这四个指标一起呈现在表格中,就能得到表5.1所列的一个矩阵,称为混淆矩阵(confusion matrix)。

表5.1　混淆矩阵

混淆矩阵		真实值	
		阳性	阴性
预测值	阳性	TP	FP（类别2）
	阴性	FN（类别1）	TN

预测性分类模型希望越准越好。对应到混淆矩阵中,希望TP和TN的数量大,而FP和FN的数量小。当得到了模型的混淆矩阵后,就需要去看有多少观测值在第二、四象限对应的位置,这里的数值越多越好;反之,在第一、三四象限

对应位置出现的观测值越少越好。

三、围绕识别类别 1 所构建的评估指标

对于混淆矩阵来说，其数值仍然属于第一级观察指标。通过混淆矩阵，通常并不会直接使用混淆矩阵中的一级指标，而是使用基于这些一级指标的二级指标。例如，从上述混淆矩阵提供的结果中不难看出，准确率为

$$ACC = TP + TN \cdot TP + TN + FP + FN$$

还有其他很多常用的二级指标，通过这些二级指标的构建，可以补充准确率在偏态样本中重点识别某类样本时表现的不足。首先，如果是更加关注类别1样本的识别情况，则有以下两个常用指标。

1. 召回率

召回率（recall）侧重于关注全部的类别 1 样本中准确识别出来的比例，其计算公式为

$$recall = \frac{TP}{TP + FN}$$

根据召回率的计算公式可以试想，如果以召回率作为模型评估指标，则会使模型非常重视是否把 1 全部识别出来，甚至是牺牲掉一些类别 0 样本判别的准确率来提升召回率，即哪怕是错判一些类别 0 样本为类别 1 样本，也要将类别 1 样本识别出来，这是一种“宁可错杀一千，不可放过一个”的判别思路。因此，召回率是一种较为激进的识别类别 1 样本的评估指标，在类别 0 样本被误判代价较低，而类别 1 样本被误判成本较高时可以考虑使用。在偏态数据中，相比于准确率，召回率对于类别 1 样本能否被正确识别的敏感度要远高于准确率，但对于是否牺牲了类别 0 样本的准确率却无法直接体现。此外，召回率往往还称为敏感度（sensitivity）、命中率（hit rate）、真阳性率（true positive rate，TPR）及查全率等。可以用 TPR 表示召回率。

2. 精确度

与召回率不同，精确度（precision）并不主张“宁可错杀一千，不可放过一个”，而是更加关注每一次出手（对类别 1 样本的识别）能否成功（准确识别出 1）的概率。精确度计算公式为

$$precision = \frac{TP}{TP + FP}$$

当然，也正是由于这种力求每次出手都尽可能成功的策略，因此当以精确度作为模型判别指标时，模型整体对 1 的判别会趋于保守，只对那些大概率确定为 1 的样本进行类别 1 判别，从而会在一定程度上牺牲类别 1 样本的准确率，在每次判别成本较高而识别类别 1 样本获益有限的情况可以考虑使用精

确度。

能够发现,对于偏态样本,相比于准确率,精确度能够在一定程度上反映是否成功识别出类别 1 样本(尽管敏感度不如召回率),并且能够较好地反映对类别 0 样本准确率的牺牲程度。此外,精确度有时又称正预测值(positive predictive value,PPV)和查准率等。可以用 PPV 表示精确度。

3. F1 – Score

召回率和精确度是一对相对的概念,在围绕类别 1 样本的识别过程中,召回率力求尽可能更多地将 1 识别出来,而精确度则力求每次对类别 1 样本的判别都能获得一个正确的结果。但是,在大多数情况下,希望获得一个更加"均衡"的模型判别指标,即既不希望模型太过于激进,也不希望模型太过于保守。并且对于偏态样本,既可以较好地衡量类别 1 样本是否被识别,同时又能够考虑到类别 0 样本的准确率牺牲程度。此时,可以考虑使用二者的调和平均数(harmonic mean)作为模型评估指标,即 F1 – Score。F1 – Score 计算公式为

$$F1 - Score = \cfrac{2}{\cfrac{1}{recall} + \cfrac{1}{precision}} = \frac{2 \cdot recall \cdot precision}{recall + precision}$$

根据 F1 – Score 的计算公式不难发现,F1 – Score 是一个介于 [0,1] 的计算结果。当 FP + FN = 0(即没有误判样本)时,F1 – Score 计算结果为 1;而当没有正确识别出一个 1,即 TP = 0 时,F1 – Score 计算结果为 0。

在介绍了这么多基于混淆矩阵的评估指标之后,接下来简单总结这些评估指标的一般使用策略。

首先,在类别划分上,仍然需要强调的是,需要根据实际业务情况,将重点识别的样本类划为类别 1,其他样本划为类别 0。当然,如果 0、1 两类在业务判断上并没有任何重要性方面的差异,则可以将样本更少的那一类划为类别 1。

其次,在评估指标选取上,同样需要根据业务情况判断。如果只需要考虑类别 1 的识别率,则可以考虑使用召回率作为模型评估指标,如果要只需考虑对类别 1 样本判别结果中的准确率,则可以考虑使用精确度作为评估指标。但一般来说,这两种情况其实都不多,更普遍的情况是需要重点识别类别 1 但也要兼顾类别 0 的准确率,此时可以使用 F1 – Score 指标。目前来看,F1 – Score 也是分类模型中最为通用和常见的分类指标。

4. ROC 曲线

除 F1 – Score 外,还有一类指标也可以很好地评估模型整体分类效力,即 ROC 曲线和 AUC 值。这二者是一一对应的,受试者特征曲线(receiver operating characteristic,ROC)是二维平面空间中的一条曲线,而 AUC 则是曲线下方面积(area under curve)的计算结果,是一个具体的值,如图 5.2 所示。

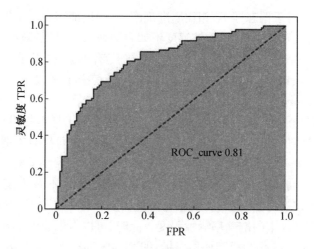

图 5.2　ROC 曲线与 AUC 面积

ROC 与 AUC 是一一对应的,因此二者是同一个评估指标。并且,ROC 曲线同样也是基于混淆矩阵衍生的二级指标来进行构建,该指标的计算类似于交叉熵的计算过程,会纳入分类模型的分类概率来进行模型性能的评估。例如此前所说,对正例样本概率越大,负例样本概率越小,则模型性能越好。

首先,由于 FPR 和 TPR 都是在[0,1]区间范围内取值,因此 ROC 曲线上的点分布在横纵坐标都在[0,1]范围内的二维平面区间内。

其次,对于任意模型来说,ROC 曲线越靠近左上方,ROC 曲线下方面积越大,则模型分类性能越好。

第六章   K – means 聚类算法

在此前的学习中,无论是回归问题还是分类问题,其本质上都属于有监督学习范畴,即算法的学习是在标签的监督下进行有选择规律学习,也就是学习那些能够对标签分类或者数值预测起作用的规律。而无监督学习,则是在没有标签的数据集中进行规律挖掘,既然没有标签,自然也就没有了规律是否对预测结果有效一说,也就失去了对挖掘规律的"监督"过程,这也就是无监督算法的由来。

第一节   聚类算法的特征

对于一份没有标签的数据,有监督算法会无从下手,而聚类算法能够将数据进行大致的划分,最终让每一个数据点都有一个固定的类别。无监督数据集样本点分布如图 6.1 所示,这些数据样本点大概能分成三堆,使用聚类算法的目的就是把数据按堆进行划分,看起来不难,但实际中数据维度通常较高,这种样本点只能当作讲解时的理想情况,所以聚类算法通常解决问题的效果远不如有监督算法。

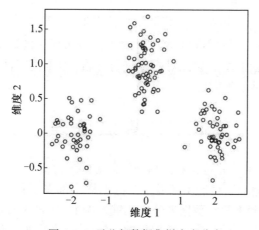

图 6.1   无监督数据集样本点分布

总的来说,可以将聚类算法的使用场景划分成两类:一是独立解决一个无监督问题;二是利用聚类算法来辅助有监督学习的过程,通常来说是辅助进行特征工程方面的工作,如进行样本的合并、特征的合并等。此外,在极少情况下,会利用聚类算法解决有监督学习问题。

当然,围绕样本进行分群的聚类算法并不是一个算法,而是一类算法,这类算法就是无监督学习。无监督学习最核心的算法类,当前流行的聚类算法也有数十种之多,而不同的聚类算法在进行分群的过程中实际效果也各不相同,在scikit - learn中就有一个不同聚类算法的效果比较图,如图6.2所示。

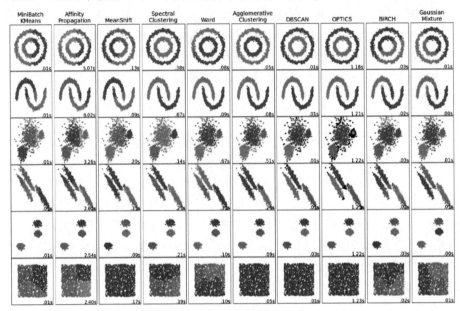

图6.2　不同聚类算法的效果比较图

图6.2中列举了十种不同的聚类针对不同分布形态的数据最终的聚类效果。能够看出,尽管聚类是尝试对数据进行分群,但聚类算法(计算流程)不同,分群效果也是截然不同的。

第二节　算法原理

首先了解一下K - means算法划分数据集的工作流程。

(1) 拿到数据集后,可能不知道每个数据样本都属于什么类别,此时需要指定一个K值,明确想要将数据划分成几堆。例如,图6.3所示数据点分成两堆,这时K值就是2。但是,如果数据集比较复杂,K值就难以确定,需要通过实验进行对比。本例假设给定K值等于2,意味着想把数据点划分成两堆。

(2) 既然想划分成两堆,就需要找两个能够代表每个堆的中心点(又称质心,即数据各个维度的均值坐标点),但是划分前并不知道每个堆的中心点在哪个位置,所以需要随机初始化两个坐标点(图6.4)。

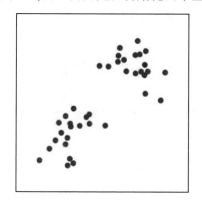

图6.3　K - means 样本数据　　　　　图6.4　K - means 选择中心点

(3) 选择两个中心点后,就要在所有数据样本中进行遍历,看看每个数据样本应当属于哪个堆。对每个数据点分别计算其到两个中心点之间的距离,离哪个中心点近,它就属于哪一堆(图6.5)。距离的值可以自己定义,一般情况下使用欧氏距离。

(4) 在(2)中找的中心点是随机选择的,经过(3),每一个数据都有各自的归属。由于中心点是每个堆的代表,因此此时需要更新两个堆各自的中心点。分别对不同归属的样本数据计算其中心位置,计算结果变成新的中心点(图6.6)。

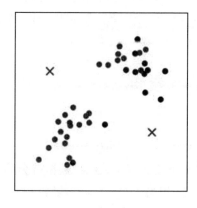

图6.5　计算样本归属　　　　　图6.6　重新计算中心点

(5) 数据点究竟属于哪一堆?其衡量标准是看这些数据点离哪个中心点更近。(4)中已经更新了中心点的位置,每个数据的所属也会发生变化,此时需要重新计算各个数据点的归属,计算距离方式相同(图6.7)。

(6) 至此,样本点归属再次发生变化,需要重新计算中心点。总之,只要数据所属发生变化，每一堆的中心点就会发生改变(图6.8)。

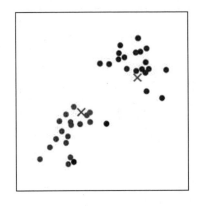

图 6.7　重新计算样本点归属　　　图 6.8　再次更新中心点

(7) 接下来就是重复性工作，反复进行迭代，不断求新的中心点位置，然后更新每一个数据点所属。最终，当中心点位置不变，也就是数据点所属类别固定下来时，就完成了 K – means 算法，得到每一个样本点的最终所属类别。

如何判断中心点位置不变？一般来说有以下两个等价的条件。

(1) 相邻两次迭代过程中质心位置不发生变化。

(2) 相邻两次迭代过程中各点所属类别不发生变化。

注意，这两个条件是等价的，如果质心位置不变，则数据集划分情况就不会发生变化；而如果数据集划分情况不发生变化，则质心也就不变。当然，迭代停止也就等价于模型收敛了。因此，K – Means 与梯度下降求解参数一样，都存在模型收敛这一说法。

第三节　常用参数

一、K 值的确定

K 值决定了待分析的数据会被划分成几个簇。当 $K = 3$ 时，数据就会分成 3 个簇；当 $K = 4$ 时，数据就会被划分成 4 个簇(相当于在开始阶段随机初始化多少个中心点)。对于一份数据来说，需要明确地告诉算法，想要把数据分成多少份，即选择不同的 K 值，得到的结果是完全不同的。

K – mean 算法中核心的目的是要将数据划分成几个堆。对于简单的数据，可以直接给出合适的值。但实际中的数据样本量和特征个数通常规模较大，很难确定具体的划分标准。因此，如何选择 K 值始终是 K – means 算法中最难解决的一个问题。

二、质心的选择

选择适当的初始质心是 K – means 算法的关键步骤,通常都是随机给出。如果初始时选择的质心不同,会对结果产生影响吗？ 或者说每一次执行 K – means 后的结果都相同吗？ 大部分情况下得到的结果都是一致的,但不能保证每次聚类的结果都相同。

三、距离的度量

常用的距离度量方法包括欧氏距离和余弦相似度等。距离的选择也可以当作 K – means 的一种参数,不同度量方式会对结果产生不同的影响。

四、评估方法

聚类算法由于本身的无监督性,因此无法用交叉验证来评估结果,只能大致观察结果的分布情况。轮廓系数(silhouette coefficient) 是聚类效果好坏的一种评价方式,也是最常用的评估方法,其计算方法如下。

(1) 计算样本 i 到同簇其他样本的平均距离 $a(i)$。$a(i)$ 越小,说明样本 i 越应该被聚类到该簇。将 $a(i)$ 称为样本 i 的簇内不相似度。

(2) 计算样本 i 到其他某簇 C_j 的所有样本的平均距离 b_{ij} 称为样本 i 与簇 C_j 的不相似度,定义为样本 i 的簇间不相似度,即

$$b(i) = \min\{b_{i1}, b_{i2}, \cdots, b_{ik}\}$$

(3) 根据样本 i 的簇内不相似度 $a(i)$ 和簇间不相似度 $b(i)$,定义样本 i 的轮廓系统,有

$$s(i) = \frac{b(i) - a(i)}{\max\{a(i), b(i)\}} \Rightarrow s(i) = \begin{cases} 1 - \dfrac{a(i)}{b(i)}, & a(i) < b(i) \\ 0, & a(i) = b(i) \\ \dfrac{b(i)}{a(i)} - 1, & a(i) > b(i) \end{cases}$$

如果 $s(i)$ 接近 1,则说明样本 i 聚类合理;如果 $s(i)$ 接近 – 1,则说明样本 i 更应该分类到另外的簇;如果 $s(i)$ 接近 0,则说明样本 i 在两个簇的边界上。所有样本的 $s(i)$ 均值称为聚类结果的轮廓系统,其是该聚类是否合理、有效的度量。

第四节　　K – means 优缺点

一、优点

（1）快速、简单，概括来说就是很通用的算法。

（2）聚类效果通常是不错的，可以自己指定划分的类别数。

（3）可解释性较强，每一步做了什么都在掌控之中。

二、缺点

（1）在 K – means 算法中，K 事先给定，这个值是非常难以估计的。很多时候事先并不知道给定的数据集应该分成多少个类别才合适。

（2）初始质心点的选择有待改进，可能会出现不同的结果。

（3）在球形簇上表现效果非常好，但是在其他类型簇中效果一般。

第七章 决 策 树

本章将学习经典机器学习领域中最重要的一类有监督学习算法 —— 树模型(决策树)。与此前的聚类算法类似,决策树也同样不是一个模型,而是一类模型的概称。决策树不仅运算效率高、模型判别能力强,而且原理简单过程清晰、可解释性强,是机器学习领域内为数不多的"白箱模型"。就决策树本身的功能而言,决策树除能够同时进行分类和回归预测外,还能够产出包括特征重要性、连续变量分箱指标等重要附加结论。而在集成学习中,最为常用的基础分类器也正是决策树。正是这些优势,使得决策树成为目前机器学习领域最为重要的模型之一。

决策树算法是机器学习中最经典的算法之一。经常接触过的一些高深的算法,如在竞赛中表现非常出色的 Xgboost 及各种集成策略等,都是基于决策树来建立的,掌握基本的决策树后,再理解集成算法就容易多了。本章介绍决策树的构造方法及其中涉及的剪枝策略。

第一节 决策树历史

正如此前所说,决策树并不是一个模型,而是一类模型。需要知道的是,尽管决策树的核心思想都是源于一种名为贪心算法的局部最优求解算法,但时至今日,决策树已经有数十种之多,并且划分为多个流派。目前主流的机器学习算法可划分为以下几类。

一、ID3、C4.5、C5.0 决策树

ID3 决策树是最为经典的决策树算法,同时也是真正将决策树发扬光大的一派算法。最早的 ID3 决策树由 Ross Quinlan 在 1975 年的博士毕业论文中提出,至此也奠定了现在决策树算法的基本框架 —— 确定分类规则判别指标,寻找能够最快速降低信息熵的方式进行数据集划分(分类规则提取),不断迭代直至收敛。而 C4.5 则是 ID3 的后继者,其在 ID3 的基础上补充了一系列基础概念,同时也优化了决策树的算法流程,一方面使得现在的树模型能够处理连续变量(此前的 ID3 只能处理分类变量),另一方面也能够在一定程度提高决策树的生长速度。C4.5 也是目前最为通用的决策树模型的一般框架,后续尽管有

其他的决策树模型诞生,但大都是在 C4.5 的基本流程上进行略微调整或指标修改,C4.5 甚至还被 IEEE 评为十大数据挖掘算法之首。由此可见,C4.5 算法具有巨大的影响力。此外,由于 C4.5 开源时间较早,因此在过去的很长一段时间内,C4.5 都是最通用的决策树算法。此后,Ross Quinlan 又公布了 C5.0 算法,进一步优化了运行效率和预测流程,通过一系列数据结构的调整使得其能够更加高效地利用内存,并提高执行速度。当然,由于 C5.0 在很长的一段时间作为收费软件存在,并且多集成于软件(如 SAS)中,因此并未被最广泛地应用于各领域。

值得一提的是,由于 Ross Quinlan 拥有非常深厚的数学背景,因此在设计决策树算法时,尽管决策树是一种非参数方法(无须提前进行数据训练的假设检验),但在实际执行决策树剪枝(一种防止过拟合的手段)时却需要用到非常多的统计学方法,在实际构建模型时也无须划分训练集和测试集。因此,C4.5 其实更像是一种统计学算法,而非机器学习算法。

二、CART 决策树

分类与回归决策树(classification and regression trees,CART)又称 C&RT 算法,在 1984 年由 Breiman、Friedman、Olshen 和 Stone 四人共同提出。CART 树与 C4.5 决策树的构造过程非常类似,但拓展了回归类问题的计算流程(此前 C4.5 只能解决分类问题),并且允许采用更丰富的评估指标来指导建模流程。最关键的是,CART 算法其实是一个非常典型的机器学习算法,在早期 CART 树的训练过程中,就是通过划分训练集和验证集(或测试集)来验证模型结果,并进一步据此来调整模型结构。此外,CART 树还能够用一套流程同时处理离散变量和连续变量,能够同时处理分类问题和回归问题,这些都符合一个机器学习领域要求算法有更普适的功能和更强的鲁棒性的要求,这也是近几年 CART 树会更加流行的主要原因。当然,在 scikit - learn 中,决策树模型评估器集成的也是 CART 树模型,在介绍决策树建模流程时也将主要介绍 CART 树的建模流程。

三、CHAID 树

卡方自动交互检测(chi-square automatic interaction detection,CHAID)由 Kass 在 1975 年提出。如果说 CART 树是一个典型的机器学习算法,那么 CHAID 树就是一个典型的统计学算法。从该算法的名字中就能看出,整个决策树其实是基于卡方检验(chi-square)的结果来构建的,并且整个决策树的建模流程(树的生长过程)及控制过拟合的方法(剪枝过程)都与 C4.5 和 CART

有根本性的区别。例如,CART 只能构建二叉树,而 CHAID 可以构建多分枝的树(C4.5 也可以构建多分枝的树);C4.5 和 CART 的剪枝都是自下而上(bottom - up)进行剪枝,又称修剪法(pruning technique),而 CHAID 树则是自上而下(top - down)进行剪枝,又称盆栽法(bonsai technique)。当然,该决策树算法目前并非主流树模型,因此此处仅做简单介绍,而不做更加深入的探讨。

本书重点讨论关于 CART 树的建模流程,以及其在 scikit - learn 中的实现方法。

第二节　决策树原理

先来看一下决策树能完成什么样的任务。假设一个家庭中有五名成员:爷爷、奶奶、妈妈、小男孩和小女孩。现在想做一个调查:这五个人中谁喜欢玩游戏。这里使用决策树演示这个过程,如图 7.1 所示。

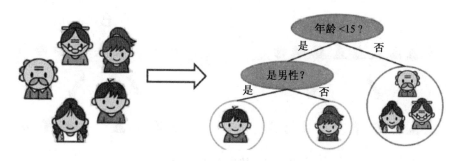

图 7.1　决策树演示过程

开始时,所有人都属于一个集合。第一步,依据年龄确定哪些人喜欢玩游戏,可以设定一个条件:如果年龄大于 15 岁,就不喜欢玩游戏;如果年龄小于 15 岁,则可能喜欢玩游戏。这样就把五个成员分成两部分:一部分是右边分支,包含爷爷、奶奶和妈妈;另一部分是左边分支,包含小男孩和小女孩。此时可以认为左边分支的人喜欢玩游戏,还有待挖掘;右边分支的人不喜欢玩游戏,已经淘汰出局。对于左边这个分支,可以再进行细分,也就是进行第二步划分,这次划分的条件是性别。如果是男性,就喜欢玩游戏;如果是女性,则不喜欢玩游戏。这样就把小男孩和小女孩这个集合再次分成左右两部分:左边为喜欢玩游戏的小男孩;右边为不喜欢玩游戏的小女孩,这样就完成了一个决策任务。划分过程看起来就像是一棵大树,输入数据后,从树的根节点开始一步步往下划分,最后肯定能达到一个不再分裂的位置,也就是最终的结果。下面请思考一些问题:在用决策树时,算法是先把数据按照年龄进行划分,然后再按照性别划分,这个顺序可以颠倒吗？为什么要有一个先后的顺序呢？为什么先按照年龄进行划分,或者说为什么认为他们是首发呢? 判断的依据是什么? 次根节点又如何进行切分呢?

第三节　熵

熵是表示随机变量不确定性的度量(即物体内部的混乱程度,如杂货市场里面什么都有就较混乱,专卖店里只卖一个牌子的东西就稳定多了)。可以通过熵这种衡量标准来计算通过不同特征进行分支选择后的分类情况,找出最好的当成根节点,以此类推。

举例如下:A 中决策分类完成后一侧有三个三角两个圆,另一侧有两个三角一个圆;而 B 中决策分类后一侧是三角,另一侧是圆(图 7.2)。显然是 B 方案的决策判断结果更好一些,用熵进行解释就是熵值越小(混乱程度越低),决策的效果越好。

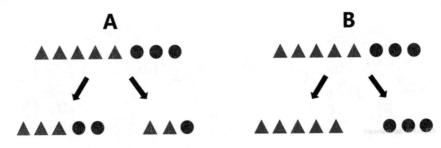

图 7.2　决策结果示意图

有时可以凭借肉眼进行观察,但是大部分的决策结果并不能仅通过人为评判确定,而需要一个量化的评判标准,于是就有了判断公式,即

$$H(X) = - \sum p_i \times \log p_i, \quad i = 1, 2, \cdots, n$$

这里以上面的例子进行公式解读,单看左侧的分类结果。对于 B 中的只有三角,也就是一个分类结果,p_i 即取值概率,这里就为 100%。再结合 log 函数,其值在 $[0,1]$ 是递增的,前面加上一个负号就是递减,因此这个 B 左侧分类结果代入计算公式值就是 0,而 0 又是这个公式值中的最小值。再看 A 中左侧的分类结果,由于存在着两种情况,因此公式中就出现了累加,分别计算两种结果的熵值情况,最后汇总,其值必然是大于 0 的,故 A 中的类别较多,熵值也就大了不少,B 中的类别较为稳定。但是,实际情况往往不是熵值为 0 那么简单,通常采用熵值是增加还是减少进行判定。在分类之前,数据有一个熵值,在采用决策树之后也会有熵值,通过观察熵值增加还是减少,仍以 A 为例,最初的状态是五个三角三个圆,对应一个熵值 1,经过决策之后形成左侧的三个三角两个

圆(对应熵值2)和右侧的两个三角一个圆(对应熵值3),如果最后的熵值2 +
熵值3 < 熵值1,就可以判定这次分类较好,比原来有进步,也就是通过对比熵
值(不确定性)减少的程度判断此次决策判断的好坏,不是只看分类后熵值的
大小,而是要看决策前后熵值变化的情况。为方便记忆,有了信息增益,表示特
征 X 使得类 Y 的不确定性减少的程度。也就是说,希望分类后的一致性要强,
希望分类后的结果是同类在一起。例如,上面希望把三角形分在一块,圆形分
在一块。

第四节　构 造 实 例

使用表7.1 的数据进行讲解,数据为 14 d 打球的情况(实际的情况),特征
为四种环境变化 x_i,最后的目标是希望构建决策树实现最后是否打球的预测
(yes | no)。

表7.1　历史数据

outlook	temperature	humidity	windy	play
sunny	hot	high	false	no
sunny	hot	high	true	no
overcast	hot	high	false	yes
rainy	mild	high	false	yes
rainy	cool	normal	false	yes
rainy	cool	normal	true	no
overcast	cool	normal	true	yes
sunny	mild	high	false	no
sunny	cold	normal	false	yes
rainy	mild	normal	false	yes
sunny	mild	normal	true	yes
overcast	mild	high	true	yes
overcast	hot	normal	false	yes
rainy	mild	high	true	no

由数据可知共有四种特征,因此在进行决策树构建时根节点的选择就有四
种情况(图7.3)。到底哪个作为根节点呢?是否四种划分方式均可以呢?信
息增益就要正式出场露面了。

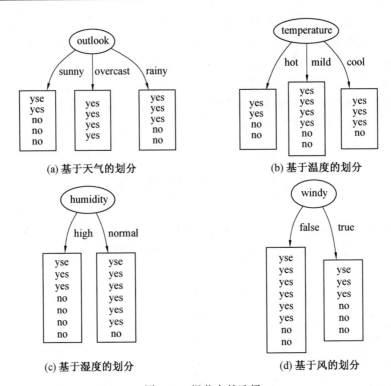

图 7.3　根节点的选择

　　由于是要判断决策前后的熵的变化,首先确定一下在历史数据中 14 d 中有 9 d 打球,5 d 不打球,因此此时的熵应为(一般 log 函数的底取 2,要求计算时统一底数即可)

$$-\frac{9}{14} \times \log_2 \frac{9}{14} - \frac{5}{14} \times \log_2 \frac{5}{14} = 0.940$$

　　先从第一个特征下手,计算决策树分类后的熵值的变化,还是使用公式进行计算,有

outlook = sunny 时,熵值为 0.971,计算公式为

$$-\frac{2}{5} \times \log_2 \frac{2}{5} - \frac{3}{5} \times \log_2 \frac{3}{5} = 0.971$$

outlook = overcast 时,熵值为 0.0,计算公式为

$$-\frac{4}{4} \times \log_2 \frac{4}{4} - \frac{0}{4} \times \log_2 \frac{0}{4} = 0$$

outlook = rainy 时,熵值为 0.971,计算公式为

$$-\frac{3}{5} \times \log_2 \frac{3}{5} - \frac{2}{5} \times \log_2 \frac{2}{5} = 0.971$$

注意：不能直接将计算得到的结果与上面计算出初始的结果相比较，outlook 取到 sunny、overcast、rainy 是有不同的概率的，因此最后的计算结果要考虑这个情况。根据数据统计，outlook 取值分别为 sunny、overcast、rainy 的概率分别为 5/14、4/14、5/14，sunny 占 14 d 中的 5 d，以此类推。

最终的熵值计算结果为

$$\frac{5}{14} \times 0.971 + 0 + \frac{5}{14} \times 0.971 = 0.693$$

系统的熵值从原始的 0.940 下降到了 0.693，信息增益为 0.247，即

$$gain(outlook) = 0.247$$

以此类推，可以分别求出剩下三种特征分类的信息增益，有

$$gain(temperature) = 0.029$$
$$gain(humidity) = 0.152$$
$$gain(windy) = 0.048$$

同样的方式可以计算出其他特征的信息增益，选择最大的就可以了，相当于遍历了一遍特征，找出来了第一个节点，然后在其余的特征中继续通过信息增益找第二个节点，最终整个决策树就构建完成了。

第五节 信息增益率和 gini 系数

以上使用信息增益进行判断根节点有没有什么问题，或者是这种方法是不是存在 bug，导致有些问题是解决不了的？答案是肯定的，如还是使用上面的 14 d 打球的数据，这里添加一个特征为打球的次数 ID，分别为 1,2,3,…,14。

如果按照此特征进行决策判断（图 7.4），由此特征进行决策判断后的结果可以发现均为单个的分支，计算熵值的结果也就为 0，这样分类的结果信息增益是最大的，说明这个特征是非常有用的。如果还是按照信息增益来进行评判，树模型就势必会按照 ID 进行根节

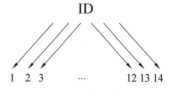

图 7.4 判断结果

点的选择，而实际上按照这个方式进行决策判断并不可行，只看每次打球的 ID 并不能说这一天是不是会打球。从上面的示例中可以发现，信息增益无法解决这种特征分类（类似 ID）后结果特别多的情况，因此就发展了另外的决策树算法，即信息增益率和 gini 系数。这里介绍一下构建决策树中使用的算法（至于前面的英文称呼，知道是一种指代关系可以了，如信息增益也可以使用 ID3 进行表示），见表 7.2。

表 7.2 构建决策树中使用的算法

算法	名称
ID3	信息增益(本身是存在着问题的)
C4.5	信息增益率(解决了 ID3 问题,考虑了自身熵)
CART	使用 gini 系数作为衡量标准,计算公式为 $\text{gini}(p) = \sum_{1}^{K} p_k(1 - p_k) = 1 - \sum_{1}^{K} p_k^2$

还是以 14 d 打球的数据为例,讲解信息增益率考虑自身熵,ID3 的问题是如何解决的呢? 假设按照每次打球次数 ID 进行决策判断,结果还是分为 14 类,计算后的信息增益为 Q。从数值的大小上看一般是一个较小数值(0.940 – 0 = 0.940,绝对数值),但是对于其他数据特征分类的结果来看这个数值又很大(0.940 相较于其他的增益数值,对比数值),这时信息增益率就为

$$\frac{Q}{\left(-\frac{1}{14} \log_2 \frac{1}{14}\right) \times 14}$$

从对比数值来看,Q 很大,但是考虑到自身的熵值,参考 log 函数的图像,分母的值就更大了。因此,这个公式计算的数值(信息增益率) 就会很小,也就解决了信息增益中无法处理分类后数据类别特别多的情况。

gini 系数计算公式与熵的衡量标准类似,只是计算方式不相同,这里值越小代表这决策分类的效果越好。例如,当 p 的累计值取 1 时,最后结果就为 0;当 p 取值较小时,经过平方后就更小了,由此计算的结果也就趋近 1 了。信息增益率是对根据熵值进行判定方式的改进,而 gini 系数则有自己的计算方式,即

$$\text{gini}(t) = 1 - \sum_{i=1}^{c} p(i \mid t)^2$$

第六节　回归决策树

关于数据类型,主要可以把其分为两类:连续型数据和离散型数据。在面对不同数据时,决策树也可以分为两大类型:分类决策树和回归决策树。前者主要用于处理离散型数据,后者主要用于处理连续型数据。无论是分类决策树还是回归决策树,都会存在两个核心问题:如何选择划分点和如何决定叶节点的输出值。一个回归树对应着输入空间(即特征空间) 的一个划分及在划分单元上的输出值。在分类决策树中采用信息论中的方法,通过计算选择最佳划分点;而在回归决策树中采用的是启发式的方法。假如有 n 个特征,每个特征有

$s_i(i = 1, 2, \cdots, n)$ 个取值,则遍历所有特征,尝试该特征所有取值,对空间进行划分,直到取到特征 j 的取值 s,使得损失函数最小,这样就得到了一个划分点。描述该过程的公式为

$$\min_{j,s} \left[\min_{c_1} \text{Loss}(y_i, c_1) + \min_{c_2} \text{Loss}(y_i, c_2) \right]$$

假设将输入空间划分为 M 个单元即 $R_1, R_2, \cdots, R_m$,则每个区域的输出值就是 $c_m = \text{avg}(y_i \mid x_i \in R_m)$,也就是该区域内所有点 y 值的平均数。下面通过一个例子来深刻理解如何得到一颗回归树(表7.3)。

表7.3　计算过程

x	1	2	3	4	5	6	7	8	9	10
y	5.56	5.7	5.91	6.4	6.8	7.05	8.9	8.7	9	9.05

一、选择最优的切分特征 j 与最优切分点 s

在本数据集中只有一个特征,因此最优切分特征自然是 x。然后考虑第二个问题:考虑9个切分点 $[1.5, 2.5, 3.5, 4.5, 5.5, 6.5, 7.5, 8.5, 9.5]$。损失函数定义为平方损失函数 $\text{Loss}(y, f(x)) = (f(x) - y)^2$,将上述9个切分点依次代入公式 $c_m = \text{avg}(y_i \mid x_i \in R_m)$ 中,计算子区域输出值。

例如,取 $s = 1.5$,此时 $R_1 = \{1\}$,$R_2 = \{2, 3, 4, 5, 6, 7, 8, 9, 10\}$,这两个区域的输出值分别为

$$c_1 = 5.56$$

$$c_2 = \frac{5.7 + 5.91 + 6.4 + 6.8 + 7.05 + 8.9 + 8.7 + 9 + 9.05}{9} = 7.50$$

同理,得到其他各切分点的子区域输出值,见表7.4。

表7.4　其他各切分点的子区域输出值

x	1.5	2.5	3.5	4.5	5.5	6.5	7.5	8.5	9.5
c_1	5.56	5.63	5.72	5.89	6.07	6.24	6.62	6.88	7.11
c_2	7.5	7.73	7.99	8.25	8.54	8.91	8.92	9.03	9.05

然后,计算损失函数值,找到最优切分点。把 c_1 和 c_2 的值代入同平方损失函数,有

$$\text{Loss}(y, f(x)) = (f(x) - y)^2$$

当 $s = 1.5$ 时,有

$$L(1.5) = (5.56 - 5.56)^2 + [(5.7 - 7.5)^2 +$$
$$(5.91 - 7.5)^2 + \cdots + (9.05 - 7.5)^2]$$
$$= 0 + 15.72 = 15.72$$

同理,计算得到其他各切分点的损失函数值,见表7.5。

表7.5　其他各切分点的损失函数值

s	1.5	2.5	3.5	4.5	5.5	6.5	7.5	8.5	9.5
$m(s)$	15.72	12.07	8.36	5.78	3.91	1.93	8.01	11.73	15.74

显然,取 $s = 6.5$ 时,$m(s)$ 最小。因此,第一个划分变量 $s = 6.5$。

二、用选定的 (j,s) 划分区域,并决定输出值

两个区域分别是为

$$R_1 = \{1,2,3,4,5,6\}, R_2 = \{7,8,9,10\}$$

输出值 $c_m = \text{avg}(y_i \mid x_i \in R_m)$,$c_1 = 6.24$,$c_2 = 8.91$。调用上述步骤,对 R_1 继续进行划分,见表7.6。

表7.6　计算过程

x	1	2	3	4	5	6
y	5.56	5.7	5.91	6.4	6.8	7.05

取切分点 $[1.5, 2.5, 3.5, 4.5, 5.5]$,则各区域的输出值 c 见表7.7。

表7.7　各区域的输出值 c

s	1.5	2.5	3.5	4.5	5.5
c_1	5.56	5.63	5.72	5.89	6.07
c_2	6.37	6.54	6.75	6.93	7.05

计算损失函数值 $m(s)$ 见表7.8。

表7.8　损失函数值 $m(s)$

s	1.5	2.5	3.5	4.5	5.5
$m(s)$	1.308 7	0.754	0.277 1	0.436 8	1.064 4

当 $s = 3.5$ 时,$m(s)$ 最小。若此时停止划分,则生成的回归树为

$$T = \begin{cases} 5.72, & x \leq 3.5 \\ 6.75, & 3.5 \leq x \leq 6.5 \\ 8.91, & x > 6.5 \end{cases}$$

实际上,回归树是将"空间"进行划分,每个空间对应一个统一的预测值。

第七节　剪枝方法

首先明确剪枝操作存在的意义。对比一下日常生活中的种植园工修理花

草树木,如果任其生长,最后结果很可能是杂草灌木丛生。决策树过拟合风险很大,理论上可以完全分得开全部的数据,也就是树会野蛮生长,每个叶子节点都会有一个数据,然后就把所有的数据全部分类完成。

不同决策树算法的剪枝策略也各有不同。总的来说,树模型的剪枝分为两种:一是在模型生长前就限制模型生长,这种方法又称预剪枝或盆栽法;二是先让树模型尽可能生长,然后进行剪枝,这种方法又称后剪枝或修建法。从算法的原生原理来讲,目前主流的 C4.5 和 CART 树采用的都是后剪枝的方法。其中,C4.5 是通过计算叶节点的期望错误率(一种区间估计的方法)来进行剪枝;而 CART 树则是通过类似正则化的方法在损失函数(gini 系数计算函数)中加入结构复杂度的惩罚因子来进行剪枝。

预剪枝方式限制深度(如指定到某一具体数值后不再进行分裂)、叶子节点个数、叶子节点样本数、信息增益量等;后剪枝方式则利用一定的衡量标准,通常使用公式

$$C_\alpha(T) = C(T) + \alpha \cdot |T_{leaf}|$$

式中,$C(T) = gini \times samples$;$\alpha = $ 系数;$T_{leaf} = $ 叶子节点数。

叶子节点越多,损失越大。

第八节　决策树优缺点

一、决策树优点

(1)易于理解和解释,因为树木可以画出来被看见。

(2)需要很少的数据准备。其他很多算法通常都需要数据规范化,需要创建虚拟变量并删除空值等。但请注意,scikit – learn 中的决策树模块不支持对缺失值的处理。

(3)使用树的成本(如在预测数据时)是用于训练树的数据点的数量的对数,相比于其他算法,这是一个很低的成本。

(4)能够同时处理数字和分类数据,既可以做回归,又可以做分类。其他技术通常专门用于分析仅具有一种变量类型的数据集。

(5)能够处理多输出问题,即含有多个标签的问题,注意与一个标签中含有多种标签分类的问题区别开。

(6)是一个白盒模型,结果很容易解释。如果在模型中可以观察到给定的情况,则可以通过布尔逻辑轻松解释条件。相反,在黑盒模型(如在人工神经网络)中,结果可能更难以解释。

（7）可以使用统计测试验证模型，可以考虑模型的可靠性。

（8）即使其假设在某种程度上违反了生成数据的真实模型，也能够表现良好。

二、决策树的缺点

（1）决策树学习者可能创建过于复杂的树，这些树不能很好地推广数据，称为过度拟合。修剪、设置叶节点所需的最小样本数或设置树的最大深度等机制是避免此问题所必需的，而这些参数的整合和调整对初学者来说会比较晦涩。

（2）决策树可能不稳定，数据中微小的变化可能导致生成完全不同的树，这个问题需要通过集成算法来解决。

（3）决策树的学习是基于贪婪算法，它靠优化局部最优（每个节点的最优）来试图达到整体的最优，但这种做法不能保证返回全局最优决策树。这个问题也可以由集成算法来解决，在随机森林中，特征和样本会在分枝过程中被随机采样。

（4）有些概念很难学习，因为决策树不容易表达它们，如 XOR、奇偶校验或多路复用器问题。

（5）如果标签中的某些类占主导地位，决策树学习者会创建偏向主导类的树。因此，建议在拟合决策树之前平衡数据集。

第八章　集成算法

集成学习(ensemble learning)是目前非常流行的机器学习策略,基本上所有问题都可以借用其思想得到效果上的提升,基本出发点就是把算法与各种策略集中在一起。集成算法会考虑多个评估器的建模结果,汇总之后得到一个综合的结果,以此来获取比单个模型更好的回归或分类表现。集成学习既可以用于分类问题,也可以用于回归问题,在机器学习领域会经常看到它的身影。它本身不是一个单独的机器学习算法,而是通过在数据上构建多个模型,集成所有模型的建模结果。在现实中,集成学习也有相当大的作用,它可以用来做市场营销模拟的建模,统计客户来源的保留和流失,也可用来预测疾病的风险和病患者的易感性。在现在的各种算法竞赛中,随机森林、梯度提升树(GBDT)、Xgboost 等集成算法也随处可见,可见其效果之好、应用之广。

由多个模型集成的模型称为集成评估器(ensemble estimator),组成集成评估器的每个模型都称为基评估器(base estimator)。通常来说,有三类集成算法:装袋法(bagging) 提升法(boosting) 和堆叠法(stacking)(图8.1)。

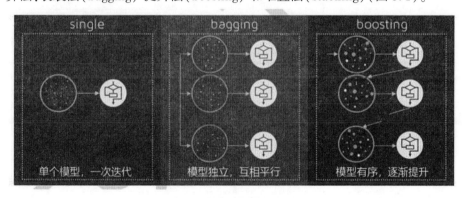

图 8.1　装袋法和提升法示意图

装袋法的核心思想是构建多个相互独立的评估器,然后对其预测进行平均或多数表决原则来决定集成评估器的结果。装袋法的代表模型就是随机森林。

提升法中,基评估器是相关的,是按顺序一一构建的。其核心思想是结合弱评估器的力量一次次对难以评估的样本进行预测,从而构成一个强评估器。提升法的代表模型有 AdaBoost 和梯度提升树。

Stacking 通常考虑的是异质弱学习器,并行地学习它们,并通过训练一个模型将它们组合起来,根据不同弱模型的预测结果输出一个最终的预测结果。stacking 与 bagging 和 boosting 主要存在两方面的差异。首先,stacking 通常考虑的是异质弱学习器(不同的学习算法被组合在一起),而 bagging 和 boosting 主要考虑的是同质弱学习器。其次,stacking 学习用元模型组合基础模型,而 bagging 和 boosting 则根据确定性算法组合弱学习器。

第一节　随机森林

随机森林是机器学习中十分常用的算法,也是 bagging 集成策略中最实用的算法之一。随机和森林分别是什么意思呢? 森林应该比较好理解,分别建立了多个决策树,把它们放到一起就是森林。这些决策树都是为了解决同一任务而建立的,最终的目标也都是一致的,最后将其结果来平均即可。bagging 集成策略如图 8.2 所示。

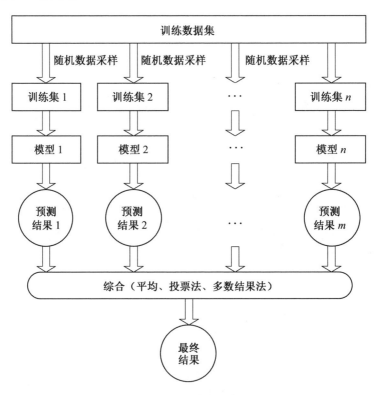

图 8.2　bagging 集成策略

想要得到多个决策树模型并不难,只需要多次建模就可以了。需要考虑一个问题,如果每一个树模型都相同,那么最终平均的结果也相同。为使最终的结果能够更好,通常希望每一个树模型都是有个性的,整个森林才能呈现出多样性,这样再求它们的平均,结果应当更稳定有效。

如何才能保证多样性呢?如果输入的数据是固定的,模型的参数也是固定的,得到的结果就是唯一的。如何解决这个问题呢?此时就需要随机森林中的另一部分——随机。随机一般称为二重随机性,因为要随机两种方案,下面分别进行介绍。

首先是数据采样的随机,训练数据取自整个数据集中的一部分,如果每一个树模型的输入数据都是不同的,如随机抽取80%的数据样本当作第一棵树的输入数据,再随机抽取80%的样本数据当作第二棵树的输入数据,并且还是有放回的采样,这就保证两棵树的输入是不同的。既然输入数据不同,得到的结果必然也会有所差异,这是第一重随机。

如果只在数据层面上,那么多样性肯定不够,还需考虑一下特征。如果对不同的树模型选择不同的特征,结果的差异就会更大。例如,对第一棵树随机选择所有特征中的60%来建模,第二棵再随机选择其中60%的特征来建模,这样就把差异放大了,这就是第二重随机。

树模型的多样性如图8.3所示。二重随机性使得创建出来的多个树模型各不相同,即便是同样的任务目标,在各自的结果上也会出现一定的差异。随机森林的目的就是要通过大量的基础树模型找到最稳定可靠的结果(图8.4),最终的预测结果由全部树模型共同决定。

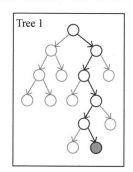 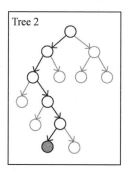 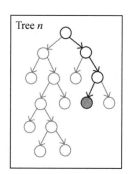

图8.3 树模型的多样性

解释了随机森林的概念之后,再把它们组合起来,总结如下。

(1) 随机森林首先是一种并联的思想,同时创建多个树模型,它们之间是

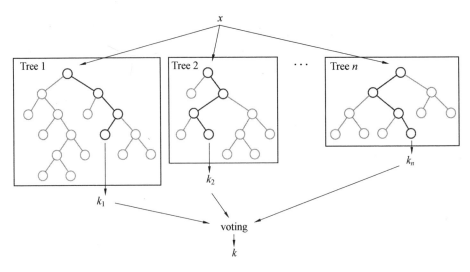

图 8.4   随机森林预测结果

不会有任何影响的,使用相同参数,只是输入不同。

(2)为满足多样性的要求,需要对数据集进行随机采样,其中包括样本随机采样和特征随机采样,目的是让每一棵树都有个性。

(3)将所有的树模型组合在一起。在分类任务中,求众数就是最终的分类结果;在回归任务中,直接求平均值即可。

对随机森林来说,还需讨论一些细节问题,如树的个数是不是越多越好。树越多,代表整体的能力越强,但是如果建立太多的树模型,会导致整体效率有所下降,还需考虑时间成本。在实际问题中,树模型的个数一般为 100 ~ 200个,继续增加下去,效果也不会发生明显改变。图 8.5 所示为随机森林中树模型个数对结果的影响。可以发现,随着树模型个数的增加,在初始阶段,准确率上升很明显,但是随着树模型个数的继续增加,准确率逐渐趋于稳定,并开始上下浮动。这都是正常现象,因为在构建决策树时,它们都是相互独立的,很难保证把每一棵树都加起来之后会比原来的整体更好。当树模型个数达到一定数值后,整体效果趋于稳定,所以树模型个数也不用特别多,够用即可。

在集成算法中,还有一个很实用的参数 —— 特征重要性,如图 8.6 所示。先不用管每一个特征是什么,特征重要性就是在数据中每一个特征的重要程度,也就是在树模型中哪些特征被利用得更多,因为树模型会优先选择最优价值的特征。在集成算法中,会综合考虑所有树模型,如果一个特征在大部分基础树模型中都被使用并且靠近根节点,它自然就比较重要。

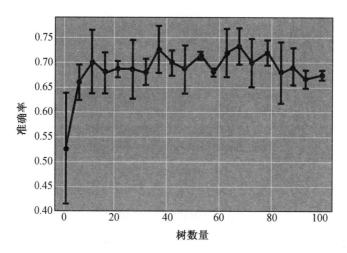

图 8.5　随机森林中树模型个数对结果的影响

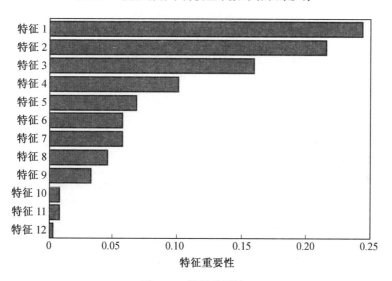

图 8.6　特征重要性

　　当使用树模型时,可以非常清晰地得到整个分裂过程,方便进行可视化分析(图8.7),这也是其他算法不能做到的。

　　下面总结 bagging 集成策略的特点。

　　(1)并联形式,可以快速地得到各个基础模型,它们之间不会相互干扰,但是其中也存在问题,不能确保加进来的每一个基础树模型都对结果产生促进作用,可能有个别树模型反而会影响结果。

　　(2)可以进行可视化展示,树模型本身就具有这个优势,每一个树模型都具有实际意义。

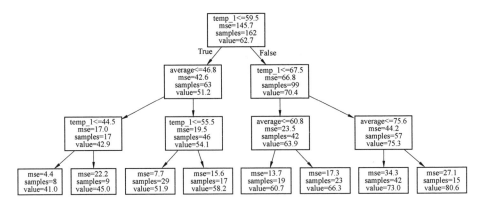

图 8.7　树模型可视化展示

（3）相当于半自动进行特征选择，总是会先用最好的特征，这在特征工程中一定程度上省时省力，适用于较高维度的数据，并且还可以进行特征重要性评估。

第二节　boosting　算　法

第一节介绍的 bagging 思想是先并行训练一堆基础树模型，然后求平均。这就出现了一个问题：如果每一个树模型都比较弱，整体平均完还是很弱，怎样才能使模型的整体战斗力更强呢？这时就需要用到 boosting 算法。boosting 算法可以说是目前较好的一种策略。

boosting 算法的核心思想就在于要使得整体的效果越来越好，整体队伍是非常优秀的，一般效果的树模型不能加入，只会选择最强的树模型。怎么才能做到呢？先来看一下 boosting 算法的基本公式：

$$F_n(x) = F_{m-1}(x) + \arg\min_h \sum_{i=1}^{n} L(y_i, F_{m-1}(x_i) + h(x_i))$$

通俗的解释就是把 $F_{m-1}(x)$ 当作前一轮得到的整体，这个整体中可能已经包含多个树模型，再向这个整体中加入一个树模型时，需要满足一个条件：新加入的 $h(x_i)$ 与前一轮的整体组合完之后，效果要比之前好。怎么评估好坏呢？就是看整体模型的损失是不是有所下降。

boosting 算法是一种串联方式（图 8.8），先有第一个树模型，然后不断向其中加入一个个新的树模型。但是有一个前提，就是新加入的树模型要使得其与之前的整体组合完之后效果更好，说明要求更严格。最终的结果与 bagging 也有明显的区别，这里不需要再取平均值，而是直接把所有树模型的结果加在一起。

$$\hat{y}_i^{(0)} = 0$$

$$\hat{y}_i^{(1)} = f_1(x_i) = y_i^{(0)} + f_1(x_i)$$

$$\hat{y}_i^{(2)} = f_1(x_i) + f_2(x_i) = y_i^{(1)} + f_2(x_i)$$

$$\vdots$$

$$\hat{y}_i^{(t)} = \sum_{k=1}^{t} f_k(x_i) = y_i^{(t-1)} + f_t(x_i)$$

加入一个新的函数

第 t 轮的模型预测

保留前面 $t-1$ 轮的模型预测

图 8.8　提升思想

第三节　　stacking　模　型

前面讨论了 bagging 和 boosting 算法,它们都是用相同的基础模型进行不同方式的组合。而 stacking 模型与它们不同,它可以使用多个不同算法模型一起完成一个任务。stacking 算法计算流程如图 8.9 所示。

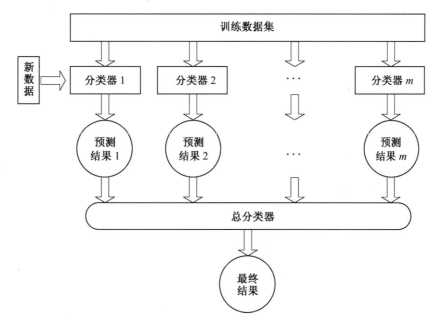

图 8.9　stacking 算法计算流程

首先选择 w 个不同分类器分别对数据进行建模,这些分类器可以是各种机器学习算法,如树模型、逻辑回归、支持向量机、神经网络等,各种算法分别得到各自的结果,这可以当作第一阶段。再把各算法的结果(如得到了四种算法的分类结果,二分类中就是0/1值)当作数据特征传入第二阶段的总分类器中,此处只需选择一个分类器即可,得到最终结果。

其实就是把无论多少维的特征数据都传入各种算法模型中,如有四个算法模型,得到的结果组合在一起就可以当作一个四维结果,再将其传入到第二阶段中得到最终的结果。

第四节　　随机森林参数

理解了 bagging 算法,就容易理解随机森林(random forest,RF)了。RF 是 bagging 算法的进化版,也就是说,它的思想仍然是 bagging,但是进行了独有的改进。下面看看 RF 算法改进了什么。

首先,RF 使用了 CART 决策树作为弱学习器。其次,在使用决策树的基础上,RF 对决策树的建立做了改进,对于普通的决策树,会在节点上所有的 n 个样本特征中选择一个最优的特征来做决策树的左右子树划分,但是 RF 通过随机选择节点上的一部分样本特征,这个数字小于 n,假设为 n_{sub},然后在这些随机选择的 n_{sub} 个样本特征中选择一个最优的特征来做决策树的左右子树划分,这样进一步增强了模型的泛化能力。

如果 $n_{sub} = n$,则此时 RF 的 CART 决策树与普通的 CART 决策树没有区别。n_{sub} 越小,则模型越健壮。当然,此时对于训练集的拟合程度会变差。也就是说,n_{sub} 越小,模型的方差会越小,但是偏差会越大。在实际案例中,一般会通过交叉验证调参获取一个合适的 n_{sub} 的值。

在 scikit - learn 中,RF 的分类类是 RandomForestClassifier,回归类是 RandomForestRegressor。当然,RF 的变种 Extra Trees 也有分类类 ExtraTrees Classifier 和回归类 ExtraTreesRegressor。由于 RF 与 Extra Trees 的区别较小,因此调参方法基本相同,本书只关注 RF 的调参。

下面看 RF 的重要参数,由于 RandomForestClassifier 与 RandomForest Regressor 参数绝大部分相同,因此本书会将它们一起讲,不同点会指出。

(1)n_estimators。

n_estimators 也就是最大的弱学习器的个数。一般来说,n_estimators 太小,容易欠拟合;n_estimators 太大,计算量会太大,并且 n_estimators 到一定的数量后,再增大 n_estimators 获得的模型提升会很小,所以一般选择一个适中的数值,默认是 100。

(2)oob_score。

oob_score 即是否采用袋外样本来评估模型的好坏。默认是 False。推荐设置为 True,因为袋外分数反应了一个模型拟合后的泛化能力。

（3）criterion。

criterion 即 CART 树做划分时对特征的评价标准。分类模型与回归模型的损失函数是不一样的。分类 RF 对应的 CART 分类树默认是基尼系数 gini,另一个可选择的标准是信息增益;回归 RF 对应的 CART 回归树默认是均方差 mse,另一个可以选择的标准是绝对值差 mae。一般来说,选择默认的标准。

（4）RF 划分时考虑的最大特征数 max_features。

可以使用很多种类型的值,默认是 auto,意味着划分时最多考虑 $\sqrt{N}$ 个特征。如果是 log 2,意味着划分时最多考虑 $\log_2 N$ 个特征,如果是 sqrt 或 auto,意味着划分时最多考虑 $\sqrt{N}$ 个特征。如果是整数,代表考虑的特征绝对数。如果是浮点数,代表考虑特征百分比,即考虑(百分比 × N) 取整后的特征数。其中,N 为样本总特征数。一般用默认的 auto 就可以了,如果特征数非常多,可以灵活使用刚才描述的其他取值来控制划分时考虑的最大特征数,以控制决策树的生成时间。

（5）决策树最大深度 max_depth。

默认可以不输入。如果不输入,决策树在建立子树时就不会限制子树的深度。一般来说,数据少或特征少时可以不管这个值。如果模型样本量多,特征也多,则推荐限制这个最大深度,具体的取值取决于数据的分布,常用的可以取值 10 ～ 100。

（6）内部节点再划分所需最小样本数 min_samples_split。

这个值限制了子树继续划分的条件。 如果某节点的样本数少于 min_samples_split,则不会继续尝试选择最优特征来进行划分。 默认值是 2,如果样本量不大,则不需要管这个值;如果样本量数量级非常大,则推荐增大这个值。

（7）叶子节点最少样本数 min_samples_leaf。

这个值限制了叶子节点最少的样本数,如果某叶子节点数目小于样本数,则会与兄弟节点一起被剪枝。 默认值是 1,可以输入最少的样本数的整数或最少样本数占样本总数的百分比。如果样本量不大,则不需要管这个值;如果样本量数量级非常大,则推荐增大这个值。

（8）叶子节点最小的样本权重和 min_weight_fraction_leaf。

这个值限制了叶子节点所有样本权重和的最小值,如果小于这个值,则会与兄弟节点一起被剪枝。 默认值是 0,即不考虑权重问题。一般来说,如果有较多样本有缺失值,或分类树样本的分布类别偏差很大,就会引入样本权重,这时就要注意这个值了。

（9）最大叶子节点数 max_leaf_nodes。

通过限制最大叶子节点数，可以防止过拟合。默认是 None，即不限制最大的叶子节点数。如果加了限制，算法会建立在最大叶子节点数内最优的决策树。如果特征不多，可以不考虑这个值。但是如果特征很多，可以加以限制，具体的值可以通过交叉验证得到。

（10）节点划分最小不纯度 min_impurity_split。

这个值限制了决策树的增长，如果某节点的不纯度（基于基尼系数和均方差）小于这个阈值，则该节点不再生成子节点，即为叶子节点。一般不推荐改动默认值。

上面参数中最重要有最大特征数 max_features、最大深度 max_depth、内部节点再划分所需最小样本数 min_samples_split 和叶子节点最少样本数 min_samples_leaf。

第九章 AdaBoost 算法

在集成学习的弱分类器集成领域,除通过降低方差来降低整体泛化误差的装袋法外,还有专注于降低整体偏差来降低泛化误差的提升法。比起操作简单、大道至简的 bagging 算法,boosting 算法在操作和原理上的难度都更大,但由于 boosting 算法专注于偏差降低,因此其在模型效果方面的突出表现使其在整个弱分类器集成的领域成绩突出。当代知名的 boosting 算法中,Xgboost、LightGBM(简称 LGBM)和 Catboost 都是机器学习领域最强大的强学习器。boosting 毫无疑问是当代机器学习领域最具统治力的算法领域。

在以随机森林为代表的 bagging 算法中,一次性建立多个平行独立的弱评估器,并让所有评估器并行运算。在 boosting 集成算法中,逐一建立多个弱评估器(基本是决策树),并且下一个弱评估器的建立方式依赖于上一个弱评估器的评估结果,最终综合多个弱评估器的结果进行输出。因此,boosting 算法中的弱评估器之间不仅不是相互独立的,反而是强相关的。同时,boosting 算法也不依赖于弱分类器之间的独立性来提升结果,这是 boosting 与 bagging 的一大差别。如果说 bagging 不同算法之间的核心区别在于以不同方式实现"独立性"(随机性),则 boosting 不同算法之间的核心区别就在于上一个弱评估器的评估结果具体如何影响下一个弱评估器的建立过程。

与 bagging 算法中统一的回归求平均、分类少数服从多数的输出不同,boosting 算法在结果输出方面表现得十分多样。早期 boosting 算法的输出一般是最后一个弱评估器的输出,当代 boosting 算法的输出都会考虑整个集成模型中全部的弱评估器。一般来说,每个 boosting 算法会其以独特的规则自定义集成输出的具体形式,但对大部分算法而言,集成算法的输出结果往往是关于弱评估器的某种结果的加权平均,其中权重的求解是 boosting 领域中非常关键的步骤。

AdaBoost 是 adaptive boosting 的简称,属于集成算法(ensemble method)中 boosting 类别中的一种。AdaBoost 是非常成功的机器学习算法,由 Yoav Freund 和 RobertSchapire 于 1995 年提出,他们因此获得了 2003 年的哥德尔奖。

下面通过一个流程图简单看一下 AdaBoost(图 9.1)。

可以看出,对于一个原始训练数据集,可以根据上一轮学习器的训练,更新数据集中样本的权重,从而原始数据集配上新的权重就得到下一轮的数据集。

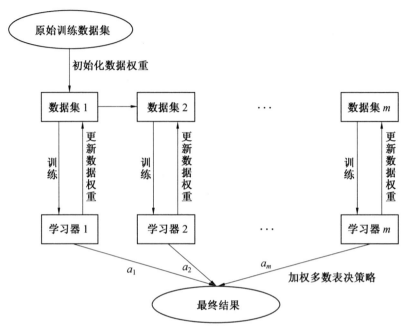

图 9.1　AdaBoost 训练流程图

具体来说,就是这个权重体现了每一轮分类正确或错误的程度。如果某个样本被误分类,就要对它更加重视,所以就提高相应的权重,如此一轮一轮训练下来,最终需要将这些基础学习器集成在一起,自然就是哪个学习器学习性能好,哪一个系数就大一些。这里的学习性能就要通过误分类率来评定了,误分类率小的学习器用得少一些,误分类率大的学习器用得多一些,这就是熟悉的加权多数表决策略,最后得到终学习器。

　　基于上面所明确的降低偏差、逐一建树、以独特规则输出结果的三大特色,可以确立任意boosting算法的三大基本元素及boosting算法自适应建模的基本流程。

　　(1) 损失函数 $L(x,y)$。用以衡量模型预测结果与真实结果的差异。

　　(2) 弱评估器 $f(x)$。一般为决策树,不同的 boosting 算法使用不同的建树过程。

　　(3) 综合集成结果 $H(x)$。即集成算法具体如何输出集成结果。

　　这三大元素将会贯穿所有即将学习的 boosting 算法,会发现几乎所有boosting算法的原理都围绕这三大元素构建。在此三大要素基础上,所有boosting算法都遵循以下流程进行建模:依据上一个弱评估器 $f(x)_{t-1}$ 的结果,计算损失函数 $L(x,y)$,并使用 $L(x,y)$ 自适应地影响下一个弱评估器 $f(x)_t$ 的构建。集成模型输出的结果受到整体所有弱评估器 $f(x)_0 - f(x)_T$ 的影响。

第一节　算法原理

表9.1是一个非常熟悉的二分类问题。这里的 y 分成 1 和 – 1 两类,属于二分类的模型。

表9.1　二分类问题

序号	1	2	3	4	5	6	7	8	9	10
x	0	1	2	3	4	5	6	7	8	9
y	1	1	1	– 1	– 1	– 1	1	1	1	– 1

一、第一轮求解

用一个新的学习器来分析,这个学习器就是上面所说的第一步中确定的弱学习器。

通过简单分成两部分的方式,将数据分成左右两类。

举例说明,以 $x = 2.5$ 为界,分成左右两个部分,则 $x = 1$、$x = 2$、$x = 3$ 对应的都是 $y = $ 类别 1,$x = 4$、$x = 5$、$x = 6$、$\cdots$、$x = 10$ 对应的就是 $y = -$ 类别 1。

当然,也可以以 $x = 6.5$ 为界,分成左右两个部分,则 $x = 1$、$x = 2$、$x = 3$、$\cdots$、$x = 6$ 对应的都是 $y = $ 类别 1,$x = 7$、$x = 8$、$\cdots$、$x = 10$ 对应的就是 $y = -$ 类别 1。

这样的弱学习器可以有很多。因为有 10 个样本,所以一共有 9 种切法。每一轮都要先找到最好的切法。接着,就按照加权多数表决策略汇总为终分类器。

第一步:初始化数据权重。

在这里一共有 10 个样本,对应地均分一下每个样本所对应的权重,即

$$\omega_{1,1} = \omega_{1,2} = \cdots = \omega_{1,10} = \frac{1}{10}$$

对应的初始权重可以写成集合,即

$$D_1 = (\omega_{1,1}, \omega_{1,2}, \cdots, \omega_{1,10})$$

第二步:计算误判率。

接着看刚才设立弱学习器对应的误判个数,见表9.2。

对于学习器 1 而言,误判的个数有 3 个,分别是 $x = 7, 8, 9$ 所对应的类;对于学习器 2 而言,误判的个数有 6 个,分别是 $x = 4, 5, 6, 7, 8, 9$ 所对应的类。哪一个分界好呢? 可以比较哪个误分类率低。

表 9.2　弱学习器对应的误判个数

序号	1	2	3	4	5	6	7	8	9	10
x	0	1	2	3	4	5	6	7	8	9
y 真实值	1	1	1	-1	-1	-1	1	1	1	-1
学习器 1	1	1	1	-1	-1	-1	-1	-1	-1	-1
学习器 2	1	1	1	1	-1	1	-1	-1	-1	-1
学习器 n	...	...	...	...	...	...	...	...	...	...

切在 $x = 2.5$ 处,有 3 个误判的,7 个正确的,因为每个样本的权重都是 0.1, 所以误分类率为

$$7 \times \frac{1}{10} \times 0 + 3 \times \frac{1}{10} \times 1 = 0.3$$

切在 $x = 6.5$ 处,有 6 个误判的,4 个正确的,因为每个样本的权重都是 0.1, 所以误分类率为

$$4 \times \frac{1}{10} \times 0 + 6 \times \frac{1}{10} \times 1 = 0.6$$

通过这种方法,把 9 种切法都比量一番下来,会发现切在 $x = 2.5$ 处最好。

既然已经选中学习器 1 开始第一轮的计算,则把它记为

$$G_1(x) = \begin{cases} 1, & x < 2.5 \\ -1, & x > 2.5 \end{cases}$$

对应的误判概率是

$$e_1 = P(G_1(x_i) \neq y_i) = 0.3$$

第三步:计算更新后的权重。

接下来更新数据权重,也就是对判错的加大权重,判对的降低权重。具体怎么更新呢? 新的权重与学习器的误判率有关。不过这之间还有一个转换系数 α_i,它与误判率之间有一个固定公式,把学习器 1 对应的系数 α_i 计算一下,有

$$\alpha_1 = \frac{1}{2} \log \frac{1 - e_1}{e_1} = 0.4236$$

然后就可以得到新权重了,其公式为

$$\omega_{2,i} = \frac{\omega_{1,i}}{Z_1} e^{-\alpha_1 y_i G_1(x_i)}$$

对应的 y_i 表示的是观测的真实值,$G_1(x_j)$ 表示的则是预测值。如果预测与实际完全相同,就是同号,前面自然是 α_i;如果预测和实际不同,则是负号,即正的 α_i。这就是更新后的权重,即

$$\omega_{2,i} = \begin{cases} \dfrac{0.1}{Z_1}e^{-0.4236}, & i = 1,2,3,4,5,6,10 \\ \dfrac{0.1}{Z_1}e^{0.4236}, & i = 7,8,9 \end{cases}$$

式中,Z_1 为归一化因子,$Z_1 = 0.91651514$。

判断正确的权重相同,判断错误的权重也相同。对于数据集中的 10 个数,就都能得出对应的权重,即

$D_2 = (0.07143, 0.07143, 0.07143, 0.07143, 0.07143,$

$\quad 0.07143, 0.16667, 0.16667, 0.16667, 0.17143)$

其目的是让所有的权重和是 1。

通过这样的更新,被误分类的样本权重从原来的 0.1 提升到了 0.16667,而被正确分类的样本权重从 0.1 降为 0.07143。

第四步:生成新一轮决策函数。

第一轮的决策函数现在可以写成

$$f_1(x) = \alpha_1 G_1(x)$$

第一轮的分类器为

$$\text{sgn}[f_1(x)]$$

二、第二轮求解

仿照刚才的思路,可以再选一个学习器进行第二轮求解(表 9.3),有

$$G_2(x) = \begin{cases} 1, & x < 8.5 \\ -1, & x > 8.5 \end{cases}$$

表 9.3 学习器 2 的结果

序号	1	2	3	4	5	6	7	8	9	10
x	0	1	2	3	4	5	6	7	8	9
y 真实值	1	1	1	-1	-1	-1	1	1	1	-1
学习器 2	1	1	1	1	1	1	1	1	1	-1

对应的误判样本就是 $x = 4,5,6$ 时的实例,这次误判概率就不再是第一轮那么简单,而是要加上新生成的权重,函数形式表现为

$$I(P(G_2(x_i) \neq y_i)) = \begin{cases} 1, & G_2(x_i) \neq y_i \\ 0, & G_2(x_i) = y_i \end{cases}$$

这意味着判断对的都直接为 0,只需要计算判错的那些,找到 $x = 4,5,6$ 对应的第二轮权重分别是 $0.071\,43, 0.071\,43, 0.071\,43$。新的误判概率 e_2 为

$$e_2 = \sum_{i=1}^{10} \omega_{2i} I(P(G_2(x_i) \neq y_i))$$
$$= 0.071\,43 \times 1 + 0.071\,43 \times 1 + 0.071\,43 \times 1$$
$$= 0.214\,3$$

接着继续计算 α_2,有

$$\alpha_2 = \frac{1}{2}\log\frac{1-e_2}{e_2} = 0.649\,6$$

经过这两轮后生成的决策函数就变成

$$f_2(x) = \alpha_1 G_1(x) + \alpha_2 G_2(x)$$

相应的分类器更新为

$$\text{sgn}[f_2(x)] = \text{sgn}[0.423\,6G_1(x) + 0.649\,6G_2(x)]$$

可以根据这两个学习器的叠加,得到每个 x_i 的类别,有

$$G_1(x) = \begin{cases} +1, & x < 2.5 \\ -1, & x > 2.5 \end{cases}$$

$$G_2(x) = \begin{cases} +1, & x < 8.5 \\ -1, & x > 8.5 \end{cases}$$

当 $x = 0$ 时,$G_1(0) = 1, G_2(0) = 1$,对应地有

$$\text{sgn}[0.423\,6 \times 1 + 0.649\,6 \times 1 = 1.073\,2 > 0]$$

自然,$x = 0$ 对应 $y =$ 类别 1。现在,$x = 4,5,6$ 对应的分类还是错的,需继续修改权重,继续第三轮求解。

三、第三轮求解

先更新第三轮权重,有

$$\omega_{3,i} = \frac{\omega_{2,i}}{Z_2}e^{-\alpha_2 y_i G_2(x_i)}$$

使用第二轮的权重,即对分错类的进行更新,有

$$D_2 = (0.071\,43, 0.071\,43, 0.071\,43, 0.071\,43, 0.071\,43, 0.071\,43,$$
$$0.166\,67, 0.166\,67, 0.166\,67, 0.071\,43)$$

对于分类对的,有

$$\omega_{3,1} = \frac{\omega_{2,1}}{Z_2}e^{-\alpha_2} = 0.045\,5$$

对于分类错的,有

$$\omega_{3,4} = \frac{\omega_{2,4}}{Z_2}e^{\alpha_2} = 0.166\ 67$$

这样计算出的 D_3 为

$$D_3 = (0.045\ 5,0.045\ 5,0.045\ 5,0.166\ 67,0.166\ 67,0.166\ 67,$$
$$0.106\ 0,0.106\ 0,0.106\ 0,0.045\ 5)$$

可以看出,对于正确分类的,它们的权重继续下降,而判断错误的也就自然上升了。

接着找一个新的学习器(表9.4),这次看后面的部分中正类更多,自然设为类别1。前面的部分虽然正负类数量相同,但因为后面的部分分为正类,所以前面的部分就自然设为 – 类别1。则有

$$G_3(x) = \begin{cases} -1, & x < 5.5 \\ 1, & x > 5.5 \end{cases}$$

表9.4 学习器3的结果

序号	1	2	3	4	5	6	7	8	9	10
x	0	1	2	3	4	5	6	7	8	9
y 真实值	1	1	– 1	– 1	– 1	1	1	1	1	– 1
学习器3	– 1	– 1	– 1	– 1	– 1	– 1	1	1	1	1

然后继续结算误差率 e_3。这里算错的分别是 $x = 1,2,3,10$ 的实例,那么只需要计算它们的误差率即可,有

$$e_3 - \sum_{i=1}^{10} \omega_{3,i} I\{P[G_3(x_i) \neq y_i]\}$$
$$= 0.045\ 5 \times 1 + 0.045\ 5 \times 1 + 0.045\ 5 \times 1 + 0.045\ 5 \times 1$$
$$= 0.182\ 0$$

接着代入求解 α_3,有

$$\alpha_3 = \frac{1}{2}\log\frac{1 - e_3}{e_3} = 0.751\ 4$$

经过这两轮后生成的决策函数就变成

$$f_3(x) = \alpha_1 G_1(x) + \alpha_2 G_2(x) + \alpha_3 G_3(x)$$

相应的符号函数就是

$$\text{sgn}[f_3(x)] = \text{sgn}[0.423\ 6G_1(x) + 0.649\ 6G_2(x) + 0.751\ 4G_3(x)]$$

这里,可以根据这三个学习器的叠加,得到每个 x_i 的分类,有

$$G_1(x) = \begin{cases} 1, & x < 2.5 \\ -1, & x > 2.5 \end{cases}$$

$$G_2(x) = \begin{cases} 1, & x < 8.5 \\ -1, & x > 8.5 \end{cases}$$

$$G_3(x) = \begin{cases} -1, & x < 5.5 \\ 1, & x > 5.5 \end{cases}$$

与上面的叠加思路完全一致,可以继续得出结果,见表9.5。

表9.5　经过三轮提升之后的学习器结果

序号	1	2	3	4	5	6	7	8	9	10
x	0	1	2	3	4	5	6	7	8	9
y 真实值	1	1	1	-1	-1	-1	1	1	1	-1
$\mathrm{sgn}[f_3(x)]$	1	1	1	-1	-1	-1	1	1	1	-1

经过这轮之后,结果与真实值完全一致,误差率降为0,迭代结束。

第二节　算 法 流 程

既然是算法,必然伴随着输入和输出。

输入:训练数据集 $T = \{(x_1, y_1), (x_2, y_2), \cdots, (x_n, y_n)\}$,其中 $x_i \in X \subseteq R^n$,有 $y_i \in y = \{-1, 1\}$。

输出:最终分类器 $G(x)$。

(1)初始化训练数据的权重分布。

初始化可以用在最大熵中的学习思想,当不知道每个样本对应的概率时,怎么选取初值呢? 不妨考虑等概率,有

$$D_1 = (\omega_{1,1}, \cdots, \omega_{1,i}, \cdots, \omega_{1,N}) = \left(\frac{1}{N}, \frac{1}{N}, \cdots, \frac{1}{N}\right), \quad i = 1, 2, \cdots, N$$

(2)找到每轮的基本分类器,并计算出 a_m 系数。

对应的每次迭代的轮数用 m 表示,$m = 1, 2, 3, \cdots, M$,则第 m 轮的权重记为 D_m。使用具有权值分布 D_m 的训练数据集学习,参考上文中的案例,正是通过粗略判断二分类误差率低来得到基本分类器 $G_m(x)$,即

$$G_m(x) : X \rightarrow (-1, 1)$$

然后计算 $G_m(x)$ 在训练数据集上的分类误差率,有

$$e_m = \sum_{i=1}^{N} P[G_m(x_i) \neq y_i] = \sum_{i=1}^{N} \omega_{mi} I[G_m(x_i) \neq y_i]$$

有了分类误差率,就可以得出弱学习器所对应的系数,即

$$\alpha_m = \frac{1}{2} \log \frac{1 - e_m}{e_m}$$

这里的对数是自然对数。

（3）更新训练数据集的权值分布

接下来要对数据集权重进行更新，更新后的权重为

$$D_{m+1} = (\omega_{m+1,1}, \cdots, \omega_{m+1,i}, \cdots, \omega_{m+1,N})$$

$$\omega_{m+1,i} = \frac{\omega_{m,i}}{Z_m} e^{-\alpha_m y_i G_m(x_i)}, \quad i = 1,2,\cdots,N$$

式中，Z_m 是规范化因子，即把权重归一，保证各个权重之和为 1，也就是说 D_{m+1} 是以一个概率分布的形式出现的，并且每一个权重的范围在$(0,1)$，这是它作为离散分布的必备特点，有

$$Z_m = \sum_{i=1}^{N} \omega_{m,i} e^{-\alpha_m y_i G_m(x_i)}$$

（4）构建基本分类器的线性组合。

有了新一轮的权重，就继续重复（2）和（3），最终得到每轮的系数 α_m，进而得到最终分类器，有

$$f(x) = \sum_{m=1}^{M} \alpha_m G_m(x)$$

最终分类器本质就是 m 个弱分类器加权求和，可以写成

$$G(x) = \text{sgn}[f(x)] = \text{sgn}\left[\sum_{m=1}^{M} \alpha_m G_m(x)\right]$$

第三节　参　数　求　解

上一节用到了 α_m，下面学习如何计算 α_m。在分类问题中，采用指数损失的形式来描述预测与实际之间的误差，有

$$L(y, f(x)) = e^{-yf(x)}$$

y 是实际观测到的，而 $f(x)$ 是通过分类器拟合预测出来的。下面分析如何选取 α_m 才能让指数损失最小。损失最小意味着预测与实际最符合。如果把所有的样本点都考虑在内，那么总的指数损失就是

$$\sum_{i=1}^{N} e^{-y_i f_m(x_i)}$$

若想找到令指数损失最小的 α_m，可以把模型的迭代公式写成

$$\underset{\alpha_m}{\text{argmin}} \sum_{i=1}^{N} e^{-y_i f_m(x_i)} = \sum_{i=1}^{N} e^{-y_i(f_{m-1}(x_i) + \alpha_m G_m(x_i))}$$

$$= \sum_{i=1}^{N} e^{-y_i f_{m-1}(x_i)} \cdot e^{-y_i \alpha_m G_m(x_i)}$$

其中

$$Z_m = \sum_{i=1}^{N} \omega_{m,i} e^{-\alpha_m y_i G_m(x_i)}$$

这个等式前面的部分其实就是对应的相应的权重了,即

$$e^{-y_i f_{m-1}(x_i)} = \omega_{m,i}$$

当 $y_i = G_m(x_i)$ 时,实际类别与分类器一致,就是正确分类,y_i 和 $G_m(x_i)$ 要么都等于 1,要么都等于 -1,相乘自然为 1。

当 $y_i = G_m(x_i)$ 时,这个式子可以写成

$$Z_m = \sum_{i=1}^{N} \omega_{m,i} e^{-\alpha_m}$$

当 $y_i \neq G_m(x_i)$ 时,这个式子可以写成

$$Z_m = \sum_{i=1}^{N} \omega_{m,i} e^{\alpha_m}$$

这样目标函数就变了两部分,一部分是分类正确的,另一部分是分类错误的,有

$$\sum_{y = G_m(x_i)} \omega_{m,i} e^{-\alpha_m} + \sum_{y \neq G_m(x_i)} \omega_{m,i} e^{\alpha_n}$$

如何把它们都表示成分类错误的呢?把前面的改成总的减去错误的即可,有

$$\sum_{y = G_m(x_i)} \omega_{m,i} e^{-\alpha_m} + \sum_{y \neq G_m(x_i)} \omega_{m,i} e^{\alpha_n} = e^{-\alpha_m} \left(\sum_{i=1}^{N} \omega_{m,i} - \sum_{y_i \neq G_m(x_i)} \omega_{mi} \right) + \sum_{y_i \neq G_m(x_i)} \omega_{mi} e^{\alpha_m}$$

$$= e^{-\alpha_m} \sum_{i=1}^{N} \omega_{m,i} + (e^{\alpha_m} - e^{-\alpha_m}) \sum_{y_i \neq G_m(x_i)} \omega_{mi}$$

这样,目标函数都是用误分类表示的。下面求 α_m,通过求偏导能得到对应的值,有

$$\frac{\partial}{\partial \alpha_m} = -e^{-\alpha_m} \sum_{i=1}^{N} \omega_{m,i} + (e^{\alpha_m} + e^{-\alpha_m}) \sum_{y_i \neq G_m(x_i)} \omega_{m,i} = 0$$

等式两边都乘 e^{α_m},可以继续写成

$$-\sum_{i=1}^{N} \omega_{m,i} + (e^{2\alpha_m} + 1) \sum_{y_i \neq G_m(x_i)} \omega_{m,i} = 0$$

可以得出

$$\sum_{i=1}^{N} \omega_{m,i} - \sum_{y_i \neq G_m(x_i)} \omega_{m,i} = \sum_{y_i = G_m(x_i)} \omega_{m,i}$$

继续得到

$$e^{2\alpha_m} = \frac{\sum_{y_i = G_m(x_i)} \omega_{m,i}}{\sum_{y_i \neq G_m(x_i)} \omega_{m,i}}$$

对于错误分类的分类误差率就等于

$$e_m = \sum_{i=1}^{N} P[G_m(x_i) \neq y_i] = \sum_{i=1}^{N} \omega_{m,i} I[G_m(x_i) \neq y_i] = \sum_{y_i \neq G_m(x_i)} \omega_{m,i}$$

则关于 $e^{2\alpha_m}$ 的等式可以继续写成

$$e^{2\alpha_m} = \frac{1 - e_m}{e_m}$$

两边取对数,即可得到

$$\alpha_m = \frac{1}{2} \log \frac{1 - e_m}{e_m}$$

第四节　AdaBoost　参　数

虽然最初的原理较为简单,但近年来 AdaBoost 已经发展出多个升级的版本(如在建立每棵树之前,允许随机抽样特征,这使得 boosting 中的决策树行为更加接近 bagging 中的决策树),而 scikit – learn 中使用了这些升级后的版本进行实现。在 scikit – learn 中,AdaBoost 既可以实现分类,也可以实现回归,使用如下两个类来调用它们:

class sklearn. ensemble. AdaBoostClassifier(base_estimator = None, ×, n_estimators = 50, learning_rate = 1.0, algorithm = 'SAMME. R', random_state = None)

class sklearn. ensemble. AdaBoostRegressor(base_estimator = None, *, n_estimators = 50, learning_rate = 1.0, loss = 'lincar', random_state = None)

AdaBoost(简称 ADB) 的参数非常少,在调用 AdaBoost 时甚至无须理解 AdaBoost 的具体求解过程。同时,ADB 分类器与 ADB 回归器的参数也高度一致。本书将重点介绍 boosting 算法独有的参数,以及 ADB 分类与 ADB 回归中表现不一致的参数(表9.6)。

表9.6　boosting 参数列表

参数	参数含义
base_estimator	弱评估器
n_estimators	集成算法中弱评估器的数量
learning_rate	迭代中所使用的学习率
algorithm(分类器专属)	用于指定分类 ADB 中使用的具体实现方法
loss(回归器专属)	用于指定回归 ADB 中使用的损失函数
random_state	用于控制每次建树之前随机抽样过程的随机数种子

一、base_estimator

AdaBoostClassifier 和 AdaBoostRegressor 都有 base_estimator,即使用弱分类学习器或弱回归学习器。理论上可以选择任何一个分类学习器或回归学习器,不过需要支持样本权重。常用的一般是 CART 决策树或神经网络多层感知器(MLP)。 默认是决策树,即 AdaBoostClassifier 默认使用 CART 分类树 DecisionTreeClassifier, 而 AdaBoostRegressor 默认使用 CART 回归树 DecisionTreeRegressor。 另外有一个要注意的点是, 如果选择的 AdaBoostClassifier 算法是 SAMME. R,则弱分类学习器还需要支持概率预测,也就是在 scikit - learn 中弱分类学习器对应的预测方法除 predict 外,还需要有 predict_proba。在 scikit - learn 中,ADB 分类器的默认弱评估器是最大深度为 1 的"树桩",ADB 回归器的默认评估器是最大深度为 3 的"树苗",弱评估器本身基本不具备判断能力。而回归器中树深更深,是因为 boosting 算法中回归任务往往更加复杂。在传统 ADB 理论中,一般认为 AdaBoost 中的弱分类器是最大深度为 1 的树桩,但现在也可以自定义某种弱评估器来进行输入。

二、n_estimators

AdaBoostClassifier 和 AdaBoostRegressor 都有 n_estimators,即弱学习器的最大迭代次数,或最大的弱学习器个数。一般来说,n_estimators 太小,容易欠拟合;n_estimators 太大,又容易过拟合。一般选择一个适中的数值,默认是 50。在实际调参的过程中,常常将 n_estimators 与下面介绍的参数 learning_rate 一起考虑。

三、learning_rate

AdaBoostClassifier 和 AdaBoostRegressor 都有 learning_rate,即每个弱学习器的权重缩减系数。对于同样的训练集拟合效果,较小的值意味着需要更多的弱学习器的迭代次数。通常用步长和迭代最大次数一起决定算法的拟合效果。因此,n_estimators 和 learning_rate 要一起调参。一般来说,可以从一个小一点的值开始调参,默认是 1。

四、algorithm

algorithm 参数只有 AdaBoostClassifier 有。主要原因是 scikit - learn 实现了两种 AdaBoost 分类算法,即 SAMME 和 SAMME. R。二者的主要区别是弱学习器权重的度量:SAMME 使用了样本集分类效果作为弱学习器权重,而

SAMME.R 使用了样本集分类的预测概率大小来作为弱学习器权重。由于
SAMME.R 使用了概率度量的连续值,迭代一般比 SAMME 快,因此
AdaBoostClassifier 的默认算法 algorithm 的值也是 SAMME.R。一般使用默认
的 SAMME.R 就够了,但是要注意的是使用了 SAMME.R,则弱分类学习器参
数 base_estimator 必须限制使用支持概率预测的分类器。SAMME 算法则没有
这个限制。

五、loss

loss 参数只有 AdaBoostRegressor 有,AdaBoost.R2 算法需要用到。有线性
(linear)、平方(square) 和指数(exponential) 三种选择,默认是线性,一般使用
线性就足够了,除非怀疑这个参数导致拟合程度不好。在算法 AdaBoost.R2
中,三种损失函数定义如下。

R_2 算法线性损失为

$$L_i = \frac{|H(x_i) - y_i|}{D}$$

R_2 算法平方损失为

$$L_i = \frac{|H(x_i) - y_i|^2}{D^2}$$

R_2 算法指数损失为

$$L_i = 1 - e^{\frac{-|H(x_i) - y_i|}{D}}$$

其中,有

$$D = \sup |H(x_i) - y_i|, \quad i = 1, 2, \cdots, N$$

式中,y_i 为真实标签;$H(x_i)$ 为预测标签;sup 表示取最大值,但它与直接写作
max 的函数的区别在于,max 中的元素已是固定的数值,而 sup 中的元素可以是
一个表达式,并让该表达式在 i 的备选值中循环。上述式子表示,取出 $1 - n$ 号
样本中真实值与预测值差距最大的那一组差异作为 D 的值。

不难发现,其实线性损失就是常说的 MAE 的变体,平方损失就是 MSE 的
变体,而指数损失也与分类中的指数损失高度相似。在 R_2 算法中,这些损失函
数特殊的地方在于分母 D。由于 D 是所有样本中真实值与预测值差异最大的
那一组差异,因此任意样本的 L_i,在上述线性和平方损失定义下,取值范围都只
有[0,1]。当真实值 = 预测值时,取值为 0;当真实值 - 预测值 = D 时,取值
为 1。

六、random_state

random_state 用于控制每次建树之前随机抽样过程的随机数种子。

第十章　梯度提升树

梯度提升树(gradient boosting decision tree,GBDT) 是提升法中的代表性算法,它既是当代强力的 XgBoost、LGBM 等算法的基石,也是工业界应用最多、在实际场景中表现最稳定的机器学习算法之一。GBDT 在最初被提出来时,被写作梯度提升机器(gradient boosting machine,GBM),它融合了 bagging 和 boosting 的思想,扬长避短,可以接受各类弱评估器作为输入,在后来弱评估器基本被定义为决策树后,才慢慢改名为 GBDT。GBDT 有很多简称,有 GBT(gradient boosting tree)、GTB(gradient tree boosting)、GBRT(gradient boosting regression tree)、MART(multiple additive regression tree) 等,其实都是同一种算法,本书统一简称为 GBDT。

第一节　GBDT　概　述

GBDT 是集成学习 boosting 家族的成员,但是与传统的 AdaBoost 有很大的不同。AdaBoost 是利用前一轮迭代弱学习器的误差率来更新训练集的权重,一轮轮地迭代下去。GBDT 也是迭代,使用了前向分布算法,但是弱学习器限定了只能使用 CART 回归树模型,同时迭代思路与 AdaBoost 也有所不同。在 GBDT 的迭代中,假设前一轮迭代得到的强学习器是 $f_{t-1}(x)$,损失函数是 $L(y, f_{t-1}(x))$,本轮迭代的目标是找到一个 CART 回归树模型的弱学习器 $h_t(x)$,让本轮的损失函数 $L(y,f_t(x)) = L(y,f_{t-1}(x) + h_t(x))$ 最小。也就是说,本轮迭代找到决策树,要让样本的损失尽量变得更小。

与 AdaBoost 不同的是,GBDT 在整体建树过程中做出了以下几个关键的改变。

1. 弱评估器

GBDT 的弱评估器输出类型不再与整体集成算法输出类型一致。对于 AdaBoost 或随机森林算法来说,当集成算法执行的是回归任务时,弱评估器也是回归器;当集成算法执行的是分类任务时,弱评估器也是分类器。但对于 GBDT 而言,无论 GBDT 整体在执行回归、分类还是排序任务,弱评估器一定是回归器。GBDT 通过 Sigmoid 或 Softmax 函数输出具体的分类结果,但实际弱评估器一定是回归器。

2. 损失函数 $L(y, f_{t-1}(x))$

在 GBDT 中,损失函数范围不再局限于固定或单一的某个损失函数,而从数学原理上推广到了任意可微的函数。因此,GBDT 算法中可选的损失函数非常多,GBDT 实际计算的数学过程也与损失函数的表达式无关。

3. 拟合残差

GBDT 依然自适应调整弱评估器的构建,但却不像 AdaBoost 一样通过调整数据分布来间接影响后续弱评估器。相对地,GBDT 通过修改后续弱评估器的拟合目标来直接影响后续弱评估器的结构。具体来说,在 AdaBoost 中,每次建立弱评估器之前需要修改样本权重,且用于建立弱评估器的是样本 X 及对应的 y。在 GBDT 中,不修改样本权重,但每次用于建立弱评估器的是样本及当下集成输出 $H(x_i)$ 与真实标签 y 的差异 $(y - H(x_i))$。这个差异在数学上称为残差(residual)。因此,GBDT 不修改样本权重,而是通过拟合残差来影响后续弱评估器结构。

抽样思想 GBDT 加入了随机森林中随机抽样的思想,在每次建树之前,允许对样本和特征进行抽样来增大弱评估器之间的独立性(也因此而可以有袋外数据集)。虽然 boosting 算法不会大规模地依赖于类似于 bagging 的方式来降低方差,但由于 boosting 算法的输出结果是弱评估器结果的加权求和,因此 boosting 原则上也可以获得由"平均"带来的小方差红利。当弱评估器表现不太稳定时,采用与随机森林相似的方式可以进一步增加 boosting 算法的稳定性。

第二节　数学流程

作为当代众多经典算法的基础,GBDT 的求解过程可谓十分精妙。它不仅开创性地舍弃了使用原始标签进行训练的方式,同时还极大地简化了 boosting 算法的运算流程,让 boosting 算法本该非常复杂的运算流程变得清晰简洁。当学过完整的 AdaBoost 流程后,会发现 GBDT 的数学流程非常简明,同时这一流程也是未来所有 boosting 高级算法的数学基础。与任意 boosting 算法一致,对 GBDT 需要回答如下问题。

(1) 损失函数 $L(x, y)$ 的表达式是什么? 损失函数如何影响模型构建?

(2) 弱评估器 $f(x)$ 是什么? 当下 boosting 算法使用的具体建树过程是什么?

(3) 综合集成结果 $H(x)$ 是什么? 集成算法具体如何输出集成结果?

同时,还可能存在如下需要明确的问题。

(1) 是加权求和吗? 如果是,加权求和中的权重如何求解?

(2) 训练过程中,拟合的数据 x 和 y 分别是什么?

(3) 模型训练到什么时候停下来最好?

对于 GBDT,由于存在提前停止机制及资源控制,因此一般不去在意模型停止相关的问题,但除此之外的每个问题都需要仔细研究。

假设现有数据集 N,含有形如 (x_i, y_i) 的样本 M 个,i 为任意样本的编号,单一样本的损失函数为 $l(y_i, H(x_i))$,其中 $H(x_i)$ 是 i 号样本在集成算法上的预测结果,整个算法的损失函数为 $l(y_i, H(x_i))$,且总损失等于全部样本的损失之和,即 $L(y, H(x)) = \sum_i l(y_i, H(x_i))$。同时,弱评估器为回归树 f,总共学习 T 轮。则 GBDT 回归的基本流程如下。

(1) 初始化数据迭代的起点 $H_0(x)$。在 scikit-learn 中,可以使用 0、随机数或任意算法的输出结果作为 $H_0(x)$。在 GBDT 的原始论文中,Friedman 定义了如下公式来计算 $H_0(x)$,即

$$H_0(x) = \arg\min_C \sum_{i=1}^{M} l(y_i, C) = \arg\min_C L(y, C)$$

式中,y_i 为真实标签;C 为任意常数。上式表示找出令 $\sum_{i=1}^{M} l(y_i, C)$ 最小的常数 C 值,并输出最小的 $\sum_{i=1}^{M} l(y_i, C)$ 作为 $H_0(x)$ 的值。需要注意的是,由于 $H_0(x)$ 是由全部样本的 l 计算出来的,因此所有样本的初始值都是 $H_0(x)$,不存在针对某一样本的单一初始值。

注:关于 C 值的取值,由于 l 是损失函数,损失函数衡量两个自变量之间的差异,因此 $l(y_i, C)$ 衡量样本 i 的真实标签 y_i 与常数 C 之间的差异,$L(y_i, C)$ 是所有样本的真实标签与常数 C 之间的差异之和。现在要找到一个常数 C,令所有样本的真实标签与常数 C 的差异之和最小,则常数 C 是多少呢? 这是一个典型的求极值问题,只需要对 $\sum_{i=1}^{M} l(y_i, C)$ 求导,再令导数为 0 就可以解出令 $\sum_{i=1}^{M} l(y_i, C)$ 最佳的 C。假设 l 是 squared_error,即每个样本的平方误差,则有

$$\sum_{i=1}^{M} l(y_i, C) = \sum_{i=1}^{M} (y_i - C)^2$$

对上述式子求导,并令一阶导数等于 0,有

$$\frac{\partial}{\partial C}\sum_{i=1}^{M} l(y_i, C) = \frac{\partial}{\partial C}\sum_{i=1}^{M} (y_i - C)^2 = \sum_{i=1}^{M} -2(y_i - C)$$

$$= -2\sum_{i=1}^{M} y_i + 2MC = 0$$

所以

$$2\sum_{i=1}^{M} y_i = 2MC$$

$$C = \frac{1}{M}\sum_{i=1}^{M} y_i$$

$$C = \text{mean}(y_i)$$

可知,当 L 是平方误差时,令 $L(y_i, C)$ 最小的常数 C 就是真实标签的均值,这个过程与 K – means 时证明各点到质心(均值)的距离就是最小 SSE 完全一致。因此, $H_0 = \arg\min_C \sum_{i=1}^{M} l(y_i, C)$ 的本质其实是求解 $C = \text{mean}(y_i)$ 时的损失函数,并以此损失函数作为 H_0 的值。当然,如果选择了其他的损失函数,就需要以其他方式(甚至梯度下降)进行求解, C 的值可能就不再是均值了。

然后开始循环, $t = 1, 2, 3, \cdots, T$,如下。

(2)在现有数据集 N 中,抽样 $M \times \text{subsample}$ 个样本,构成训练集 N^t 。

(3)对任意一个样本 i 计算伪残差(pseudo – residuals) r_{it} ,具体公式为

$$r_{it} = -\frac{\partial l(y_i, H_{t-1}(x_i))}{\partial H_{t-1}(x_i)}$$

伪残差是一个样本的损失函数对其预测值求导后取负的结果。在 $t = 1$ 时,所有伪残差计算中的 $H_{t-1}(x_i)$ 都等于初始 $H_0(x)$;在 $t > 1$ 时,每个样本上的 $H_{t-1}(x_i)$ 都是不同的取值。

注:伪残差与残差、梯度有什么关系?

在学习 GBDT 与 AdaBoost 之间的差异时,曾提到 AdaBoost 拟合的是原始数据 X 与真实标签 y_i ,而 GBDT 拟合的是原始数据 X 与残差 $(y_i - H(x_i))$ 。但在上述数学流程中,拟合的对象伪残差既不像真实标签,也不像 $H(x)$ 与 y_i 的差异,它到底是什么呢? 有

$$r_{it} = -\frac{\partial l(y_i, H_{t-1}(x_i))}{\partial H_{t-1}(x_i)}$$

从数学上来看,伪残差是一个样本的损失函数对该样本在集成算法上的预测值求导后取负的结果。假设现在损失函数是平方误差,则该求导过程很明显就是

$$l = (y_i - H_{t-1}(x_i))^2$$

$$\frac{\partial l}{\partial H_{t-1}(x_i)} = \frac{\partial}{\partial H_{t-1}(x_i)} (y_i - H_{t-1}(x_i))^2$$

$$\frac{\partial l}{\partial H_{t-1}(x_i)} = -2(y_i - H_{t-1}(x_i))$$

$$-\frac{\partial l}{\partial H_{t-1}(x_i)} = 2(y_i - H_{t-1}(x_i))$$

不难发现,虽然伪残差看着与残差完全不相关,但其本质与残差非常相似。它是残差的某种变形,它的值不完全等同于残差的值,但是它衡量的差异与残差衡量的差异完全一致。因此,可以让新建立的弱评估器拟合伪残差,这样算法就会更多地学习当下 $H_t(x_i)$ 与 y_i 之间的差异,新建立的弱评估器预测出的结果也更有可能抹平这种差异。从直觉上来说,$H_t(x_i)$ 与 y_i 之间的差异越小,整体损失函数值就会越小。因此,GBDT 拟合伪残差是在向着损失函数最小化(偏差最小化)的方向拟合。

此外,伪残差是损失函数求导后取负的结果。一个函数对自变量求导后得到的结果称为梯度,代表字母为 g,因此伪残差又称负梯度。也因此,GBDT 称为"拟合负梯度"的算法。这一说法拓展开来,可以说 GBDT 拟合负梯度、拟合伪残差、拟合损失函数在预测标签上的负导数。无论这些说法如何变化,其实都是指同一个数学过程。不过,在最初的梯度提升机(gradient boosting machine)中,拟合的的确是残差 $y - H(x)$,只不过在后来改进的梯度提升树中,拟合残差过程被修改为拟合伪残差了。

需要注意的是,由于伪残差 / 负梯度都是针对单一样本计算的,因此一般在数学公式中,梯度会被表示为 g_i,其中 i 为样本量。对 GBDT 来说则有

$$r_i = -g_i$$

从直觉上来看,拟合伪残差可以降低 $H_t(x_i)$ 与 y_i 之间的差异,从而降低整体损失函数的值,但这个行为在数学上真的可行吗?毕竟,GBDT 可以使用任意可微函数作为损失函数,不同损失函数求导后的结果即便与残差相似,也未必能代替真正的残差的效果。因此,不仅在直觉上需要理解拟合伪残差的作用,还需要从数学上证明,只要拟合对象是伪残差 r_{it},则弱评估器的输出值 $f_t(x_i)$ 一定是让损失函数减小最快的值。

假设现在有包含 M 个样本的数据集 N^t,无论以什么规则建立新的弱评估器 f_t,都一定是希望 f_t 满足以下条件,即

$$f_t = \mathrm{argmin}\, L(y_i, H_t(x)) = \mathrm{argmin} \sum_{i=1}^{M} l(y_i, H_{t-1}(x_i) + f_t(x_i))$$

上式表示,本轮弱评估器的输出值 f_t 应该是令整体损失 L 最小化的 f_t。即无论弱评估器 f_t 是什么结构、什么规则、如何建立、如何拟合,其最终的输出值

$f_t(x_i)$ 必须是令整体损失函数 L 最小化的 $f_t(x_i)$。如果能保证这个条件成立,则随着算法逐步迭代,损失函数必然是会越来越小的。如何保证这一点成立呢?需要使用论文《梯度下降式提升算法》中提到的直接对整体损失函数进行梯度下降,找出当前最小值以及最小值对应的 $f_t(x_i)$。

具体来说,回忆在逻辑回归中执行的梯度下降过程,当时损失函数为 $L(w)$,其中 w 是逻辑回归的系数向量,且迭代 w 的方法为

$$w_t = w_{t-1} - \eta g_t$$

式中,η 为学习率,g_t 为第 t 次迭代中的梯度向量,包含了全部 w 的梯度 $[g_1, g_2, g_3, \cdots, g_n]$。通过在 w 上直接增加学习率×负梯度,可以保证损失函数 $L(w)$ 在 w 迭代过程中一定是越来越小的,因为在学习梯度下降时证明过,负梯度的方向就是损失函数下降最快的方向。这个思路同样适用于 GBDT。

在 GBDT 中,损失函数为 $L(y_i, H_t(x))$,并且 $H_t(x)$ 是按以下方式迭代的,即

$$H_t(x) = H_{t-1}(x) + \eta f_t(x)$$

式中,$H_t(x)$ 是第 t 次迭代中全部样本在算法上的输出值;$f_t(x)$ 是第 t 次迭代中全部样本在新弱评估器上输出的 $f_t(x_i)$。原则上来说,对标传统梯度下降,只要让 $f_t(x) = -g_t$,即让 $f_t(x_i) = -g_i$,就一定能够保证损失函数 $L(y_i, H_t(x))$ 是随迭代下降的。

当已知能够令损失函数最小的 $f_t(x_i)$ 就是 $-g_i$ 后,如何逼迫新建立的弱评估器输出 $-g_i$ 这个数字呢? 可以让新建立的弱评估器拟合 $(x_i, -g_i)$。因此,现在应该已经猜到了,每个样本的伪残差 r_i(负梯度 $-g_i$)其实就是能够令损失函数减小最快的 $f_t(x_i)$ 的值。

求解出伪残差后,在数据集 (x_i, r_{it}) 上按照 CART 树规则建立一棵回归树 f_t,训练时拟合的标签为样本的伪残差 r_{it}。

将数据集 N_t 上所有的样本输入 f_t 进行预测,对每一个样本得出预测结果 $f_t(x_i)$。在数学上可以证明,只要拟合对象是伪残差 r_{it},则 $f_t(x_i)$ 的值一定能让损失函数最快减小。

根据预测结果 $f_t(x_i)$ 迭代模型,具体来说,有

$$H_t(x_i) = H_{t-1}(x_i) + f_t(x_i)$$

假设输入的步长为 η,则 $H_t(x)$ 应该为

$$H_t(x_i) = H_{t-1}(x_i) + \eta f_t(x_i)$$

对整个算法则有

$$H_t(x) = H_{t-1}(x) + \eta f_t(x)$$

循环结束,输出 $H_T(x)$ 的值作为集成模型的输出值。

以上就是 GBDT 完整的数学流程,不难发现,这个流程比 AdaBoost 的流程更简洁。

第三节　GBDT 优 缺 点

GDBT 本身并不复杂,不过要想掌握熟练,需要对集成学习的原理、决策树原理和各种损失函树有一定的了解。由于 GBDT 的性能卓越,因此只要是研究机器学习都应该掌握这个算法,包括其背后的原理和应用调参方法。目前 GBDT 的算法比较好的库是 XgBoost,当然也可以使用 scikit – learn。下面总结 GBDT 的优缺点。

一、GBDT 主要的优点

(1) 可以灵活处理各种类型的数据,包括连续值和离散值。

(2) 在相对少的调参时间情况下,预测的准确率也可以较高,这是相对 SVM 来说的。

(3) 使用一些健壮的损失函数对异常值的鲁棒性非常强,如 Huber 损失函数和 Quantile 损失函数。

二、GBDT 的主要缺点

由于弱学习器之间存在依赖关系,因此难以并行训练数据。不过可以通过自采样的 SGBT 达到部分并行。

第四节　GBDT　调　参

在 scikit – learn 中,GradientBoostingClassifier 为 GBDT 的分类类,而 GradientBoostingRegressor 为 GBDT 的回归类。二者的参数类型完全相同,有些参数如损失函数 loss 的可选择项不相同。这些参数中,类似于 AdaBoost,把重要参数分为两类:第一类是 boosting 框架的重要参数;第二类是弱学习器即 CART 回归树的重要参数。

一、重要参数

1. n_estimators

n_estimators 是弱学习器的最大迭代次数,或者说最大的弱学习器的个数。一般来说,n_estimators 太小,容易欠拟合;n_estimators 太大,又容易过拟合。一般选择一个适中的数值,默认是 100。在实际调参的过程中,常常将 n_estimators 与下面介绍的参数 learning_rate 一起考虑。

2. learning_rate

learning_rate 即每个弱学习器的权重缩减系数 ν,强学习器的迭代公式为 $f_k(x) = f_{k-1}(x) + \nu h_k(x)$。$\nu$ 的取值范围为 $0 < \nu \leq 1$。对于同样的训练集拟合效果,较小的 ν 意味着需要更多的弱学习器的迭代次数。通常用步长和迭代最大次数一起来决定算法的拟合效果。因此,n_estimators 和 learning_rate 要一起调参。一般来说,可以从一个小一点的 ν 开始调参,默认是 1。

3. subsample

subsample 为子采样,取值为 $(0,1]$。注意,这里的子采样与随机森林不一样,随机森林使用的是放回抽样,而这里是不放回抽样。如果取值为 1,则全部样本都使用,等于没有使用子采样;如果取值小于 1,则只有一部分样本会去做 GBDT 的决策树拟合。选择小于 1 的比例可以减少方差,即防止过拟合,但是会增加样本拟合的偏差,因此取值不能太低。推荐取值在 $[0.5,0.8]$,默认是 1.0,即不使用子采样。

4. init

init 即初始化时的弱学习器,如果不输入,则用训练集样本来做样本集的初始化分类回归预测,否则用 init 参数提供的学习器做初始化分类回归预测。init 一般用在对数据有先验知识或之前做过一些拟合时,如果没有,就不用管这个参数了。

5. loss

loss 即 GBDT 算法中的损失函数。分类模型与回归模型的损失函数是不一样的。

对于分类模型,有对数似然损失函数 deviance 和指数损失函数 exponential 输入选择。默认是对数似然损失函数 deviance。一般来说,推荐使用默认的 deviance。它对二元分离和多元分类各自都有较好的优化。而指数损失函数等于代入了 AdaBoost 算法。

对于回归模型,为字符串型,可输入{"squared_error", "absolute_error", "huber", "quantile"},默认值为 "squared_error"。一般来说,如果数据的噪声点不多,则用默认的均方差较好;如果噪声点较多,则推荐用抗噪声的损失函数 huber;而如果需要对训练集进行分段预测,则采用 quantile。

6. alpha

alpha 只有 GradientBoostingRegressor 有。当使用 Huber 损失 huber 和分位

数损失 quantile 时,需要指定分位数的值,默认是 0.9。如果噪声点较多,可以适当降低这个分位数的值。

二、弱学习器参数

1. 划分时考虑的最大特征数 max_features

可以使用很多种类型的值,默认是 None,意味着划分时考虑所有的特征数。如果是 log 2,意味着划分时最多考虑 $\log_2 N$ 个特征。如果是 sqrt 或 auto,意味着划分时最多考虑 $\sqrt{N}$ 个特征。如果是整数,代表考虑的特征绝对数。如果是浮点数,代表考虑特征百分比,即考虑(百分比 xN) 取整后的特征数。其中,N 为样本总特征数。一般来说,如果样本特征数不多,如小于 50,则用默认的 None 即可;如果特征数非常多,可以灵活使用刚才描述的其他取值来控制划分时考虑的最大特征数,以控制决策树的生成时间。

2. 决策树最大深度 max_depth

默认可以不输入,如果不输入,则默认值是 3。一般来说,数据少或特征少时可以不管这个值。如果模型样本量多,特征也多,则推荐限制最大深度,具体的取值取决于数据的分布,常用的取值是 10 ~ 100。

3. 内部节点再划分所需最小样本数 min_samples_split

这个值限制了子树继续划分的条件, 如果某节点的样本数少于 min_samples_split,则不会继续再尝试选择最优特征进行划分。 默认值是2,如果样本量不大,则不需要管这个值;如果样本量数量级非常大,则推荐增大这个值。

4. 叶子节点最少样本数 min_samples_leaf

这个值限制了叶子节点最少的样本数,如果某叶子节点数目小于样本数,则会与兄弟节点一起被剪枝。 默认是 1,可以输入最少的样本数的整数或最少样本数占样本总数的百分比。如果样本量不大,则不需要管这个值;如果样本量数量级非常大,则推荐增大这个值。

5. 叶子节点最小的样本权重和 min_weight_fraction_leaf

这个值限制了叶子节点所有样本权重和的最小值,如果小于这个值,则会与兄弟节点一起被剪枝。 默认是 0,即不考虑权重问题。一般来说,如果有较多样本有缺失值,或分类树样本的分布类别偏差很大,就会引入样本权重,这时就要注意这个值了。

6. 最大叶子节点数 max_leaf_nodes

通过限制最大叶子节点数,可以防止过拟合,默认是 None,即不限制最大的叶子节点数。如果加了限制,算法会建立在最大叶子节点数内最优的决策树。如果特征不多,可以不考虑这个值;但是如果特征很多,则可以加以限制。具体的值可以通过交叉验证得到。

7. 节点划分最小不纯度 min_impurity_split

这个值限制了决策树的增长,如果某节点的不纯度(基于基尼系数和均方差)小于这个阈值,则该节点不再生成子节点,即为叶子节点。一般不推荐改动默认值。

8. 不纯度衡量指标 criterion

criterion 是树分枝时所使用的不纯度衡量指标。在 scikit – learn 中,GBDT 中的弱学习器 f 是 CART 树,因此每棵树在建立时都依赖于 CART 树分枝的规则进行建立。CART 树每次在分枝时都只会分为两个叶子节点(二叉树),称为左节点(left)和右节点(right)。在 CART 树中进行分枝时,需要找到令左右节点的不纯度之和最小的分枝方式。通常来说,求解父节点的不纯度与左右节点不纯度之和之间的差值,这个差值称为不纯度下降量(impurity decrease)。不纯度的下降量越大,该分枝对于降低不纯度的贡献越大。

对 GBDT 来说,不纯度的衡量指标有两个:弗里德曼均方误差 friedman_mse 和平方误差 squared_error。其中,弗里德曼均方误差是由 Friedman 在论文《贪婪函数估计:一种梯度提升机器》中提出的全新的误差计算方式。但是,在论文中,Friedman 并没有提供弗里德曼均方误差的公式本身,而只提供了使用弗里德曼均方误差之后推导出的不纯度下降量的公式,即

$$\frac{w_1 w_r}{w_1 + w_r} \times \left(\frac{\sum_1 (r_i - \hat{y}_i)^2}{w_1} - \frac{\sum_r (r_i - \hat{y}_i)^2}{w_r} \right)^2$$

式中,w 是左右叶子节点上的样本量,当对样本有权重调整时,w 则是叶子节点上的样本权重;r_i 大多数时候是样本 i 上的残差(父节点中样本 i 的预测结果与样本 i 的真实标签之差),也可能是其他衡量预测与真实标签差异的指标;$\hat{y}_i$ 是样本 i 在当前子节点下的预测值。

9. 梯度提升树的提前停止

在梯度提升树中,在一轮轮建立弱评估器过程中也是希望找到对应损失函数的最小值。理想状态下,无论使用什么算法,只要能够找到损失函数上真正的最小值,则模型就达到"收敛"状态,迭代就应该被停止。然而,算法不知道损失函数真正的最小值是多少,更不会在达到收敛状态时就自然停止。在机器学习训练流程中,往往是通过给出一个极限资源来控制算法的停止,如通过超参数设置允许某个算法迭代的最大次数,或允许建立的弱评估器的个数。因

此,无论算法是否在很短时间内就锁定了足够接近理论最小值的次小值,或算法早已陷入了过拟合状态,甚至学习率太低导致算法无法收敛,大多数算法都会持续(且无效地)迭代下去,直到给予的极限资源全部被耗尽。对于复杂度较高、数据量较大的 boosting 集成算法来说,无效的迭代常常发生,因此作为众多 boosting 算法的根基算法,梯度提升树自带了提前停止的相关超参数。

在实际数据训练时,往往不能动用真正的测试集进行提前停止的验证,因此需要从训练集中划分出一小部分数据,专用于验证是否应该提前停止。如何找到这个验证集损失不再下降、准确率不再上升的"某一时间点"呢?此时,可以规定一个阈值。例如,当连续 n_iter_no_change 次迭代中,验证集上损失函数的减小值都低于阈值 tol,或验证集的分数提升值都低于阈值 tol 时,就令迭代停止。此时,即便规定的 n_estimators 或 max_iter 中的数量还没有被用完,也可以认为算法已经非常接近"收敛"而将训练停下。这种机制就是提前停止机制(early stopping)。在这种机制中,需要设置阈值 tol,用于不断检验损失函数下降量的验证集,以及损失函数连续停止下降的迭代轮数 n_iter_no_change。在 GBDT 中,这个流程刚好由以下三个参数控制。

(1)validation_fraction。

从训练集中提取出,用于提前停止的验证数据占比,值域为[0,1]。

(2)n_iter_no_change。

当验证集上的损失函数值连续 n_iter_no_change 次没有下降或下降量不达阈值时,则触发提前停止。平时则设置为 None,表示不进行提前停止。

(3)tol。

损失函数下降的阈值,默认值为 10^{-4},也可以调整为其他浮点数来观察提前停止的情况。

第十一章　降维算法

随着数据量的不断增大和数据维度的不断提高，许多数据科学家和工程师面临的最大挑战之一就是如何有效地处理和分析高维数据。这时就需要采用降维算法来解决这个问题。

降维算法的作用是将高维数据映射到低维空间，并保留最重要的信息。这样既可以降低计算成本，提高算法的效率，又可以避免数据维度灾难。本章将介绍降维算法的原理和应用，以及常用的降维算法。

降维算法是一种基于数学变换的技术，用于将高维数据映射到低维空间。通俗地说，就是将数据从复杂的多维空间中压缩到简单的低维空间中。降维算法不仅可以用于数据可视化，还可以用于机器学习、图像处理、聚类分析等。降维算法的核心思想是在保留数据最重要特征的同时，尽可能地压缩数据的维度，减少噪声的干扰，从而更好地解决问题。

常用的降维算法有主成分分析（PCA）、线性判别分析（LDA）、t – SNE 等。

第一节　"维"的解释

前面几章介绍了几个算法和数据预处理过程。在此期间不断提到一些语言。例如，随机森林是通过随机抽取特征来建树，以避免高维计算；又如，scikit –learn 中导入特征矩阵，必须是至少二维。本书还特地提到了特征选择，它的目的是通过降维来降低算法的计算成本。这些语言都能很正常地被使用。"维度"到底是什么呢？

对于数组和序列数据来说，维度就是功能 shape 返回的结果，shape 中返回了几个数字，就是几维。索引以外的数据，不分行列的称为一维，有行列之分的称为二维，又称表。一张表最多二维，复数的表构成了更高的维度。当一个数组中存在2张3行4列的表时，shape 返回的是更高维。例如，当数组中存在2组2张3行4列的表时，数据就是四维的，shape 返回(2,2,3,4)。

数组中的每一张表都可以是一个特征矩阵或一个 DataFrame，这些结构永远只有一张表，所以一定有行列，其中行是样本，列是特征。针对每一张表，维度是指样本的数量或特征的数量，一般无特别说明，都是指特征的数量。除索引外，一个特征是一维，两个特征是二维，…，n 个特征是 n 维。

	一维	二维	三维
数组 Series	array([0., 0.]) shape (2,)	array([[0., 0., 0., 0.], [0., 0., 0., 0.], [0., 0., 0., 0.]]) shape (3,4)	array([[[0., 0., 0., 0.], [0., 0., 0., 0.], [0., 0., 0., 0.]], [[0., 0., 0., 0.], [0., 0., 0., 0.], [0., 0., 0., 0.]]]) shape (2,3,4)

图 11.1   数组维度示意图

	特征1		特征1	特征2		特征1	特征2	特征3
DataFrame 特征矩阵	0 0.0		0 0.0	0.0		0 0.0	0.0	0.0
	1 0.0		1 0.0	0.0		1 0.0	0.0	0.0

图 11.2   特征维度示意图

对图像来说,维度就是图像中特征向量的数量。特征向量可以理解为坐标轴。一个特征向量定义一条直线,即一维;两个相互垂直的特征向量定义一个平面,即一个直角坐标系,即二维;三个相互垂直的特征向量定义一个空间,即一个立体直角坐标系,即三维;三个以上的特征向量相互垂直,定义人眼无法看见,也无法想象的高维空间。

降维算法中的"降维"是指降低特征矩阵中特征的数量。降维的目的是让算法运算更快,效果更好,但其实还有另一种需求:数据可视化。从图 11.3 中其实可以看出,图像和特征矩阵的维度可以相互对应,即一个特征对应一个特征向量,对应一条坐标轴。因此,三维及以下的特征矩阵可以被可视化,这可以很快地理解数据的分布;而三维以上特征矩阵的则不能被可视化,数据的性质也就比较难理解。

图像

图 11.3   图像维度

第二节 PCA 与 SVD

在降维过程中,会减少特征的数量,这意味着删除数据,数据量变少则表示模型可以获取的信息会变少,模型的表现可能会因此而受影响。同时,在高维数据中,必然有一些特征是不带有有效信息(如噪声)的,或者有一些特征带有的信息与其他一些特征是重复的(如一些特征可能会线性相关)。希望能够找出一种办法来帮助衡量特征上所带的信息量,在降维的过程中能够既减少特征的数量,又保留大部分有效信息,将带有重复信息的特征合并,并删除带有无效信息的特征等,逐渐创造出能够代表原特征矩阵大部分信息且特征更少的新特征矩阵。

在做特征选择时,常用方差过滤。如果一个特征的方差很小,则意味着这个特征上很可能有大量取值都相同(如90%都是1,只有10%是0,甚至100%是1),那这一个特征的取值对样本而言就没有区分度,这种特征就不带有有效信息。从方差的这种应用中就可以推断出,如果一个特征的方差很大,则说明这个特征上带有大量的信息。因此,在降维中,PCA使用的信息量衡量指标就是样本方差,又称可解释性方差。方差越大,特征所带的信息量越多,则有

$$var = \frac{1}{n-1}\sum_{i=1}^{n}(x_i - \hat{x})^2$$

式中,var代表一个特征的方差;n代表样本量;x_i代表一个特征中的每个样本取值;$\hat{x}$代表这一列样本的均值。

一、降维究竟是怎样实现的?

PCA作为矩阵分解算法的核心算法,其实没有太多参数,但每个参数的意义和运用都很难,因为几乎每个参数都涉及高深的数学原理。为使参数的运用和意义变得明朗,下面看一组简单的二维数据的降维。

有一组简单的数据,有特征x_1和x_2,三个样本数据的坐标点分别为(1,1)、(2,2)、(3,3)。可以让x_1和x_2分别作为两个特征向量,很轻松地用一个二维平面来描述这组数据。这组数据现在每个特征的均值都为2,方差则为

$$x_1\_var = x_2\_var = \frac{(1-2)^2 + (2-2)^2 + (3-2)^2}{2} = 1$$

每个特征的数据一模一样,因此方差也都为1,数据的方差总和是2。现在的目标是只用一个特征向量来描述这组数据,即将二维数据降为一维数据,并且尽可能地保留信息量,即让数据的总方差尽量靠近2。于是,将原本的直角坐标系逆时针旋转45°,形成新的特征向量x_1^*和x_2^*组成的新平面,在这个新平面中,三个样本数据的坐标点可以表示为$(\sqrt{2},0)$、$(2\sqrt{2},0)$、$(3\sqrt{2},0)$。可以注意到,x_2^*上的数值此时都变成了0,因此x_2^*明显不带有任何有效信息(此时x_2^*的方差也为0)。此时,x_1^*特征上的数据均值是$2\sqrt{2}$,而方差则可表示成

$$x_2^*\_var = \frac{(\sqrt{2}-2\sqrt{2})^2 + (2\sqrt{2}-2\sqrt{2})^2 + (3\sqrt{2}-2\sqrt{2})^2}{2} = 2$$

x_1^*上的数据均值为0,方差也为0。

　　降维过程如图 11.4 所示。此时,根据信息含量的排序,取信息含量最大的一个特征。因为想要的是一维数据,所以可以将 x_2^* 删除,同时也删除图中的 x_2^* 特征向量,剩下的 x_1^* 就代表曾经需要两个特征来代表的三个样本点。通过旋转原有特征向量组成的坐标轴来找到新特征向量和新坐标平面,将三个样本点信息压缩到了一条直线上,实现了二维变一维,并且尽量保留原始数据信息,一个成功的降维就实现了。

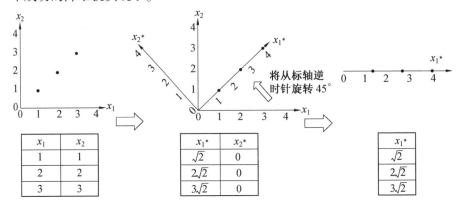

图 11.4　降维过程

不难注意到,在这个降维过程中,有几个重要的步骤,见表 11.1。

表 11.1　降维过程中的重要步骤

过程	二维特征矩阵	n 维特征矩阵
1	输入原数据,结构为(3,2) 找出原本的 2 个特征对应的直角坐标系,本质是找出这 2 个特征构成的 2 维平面	输入原数据,结构为(m,n) 找出原本的 n 个特征向量构成的 n 维空间 V
2	决定降维后的特征数量:1	决定降维后的特征数量:k
3	旋转,找出一个新坐标系 本质是找出 2 个新的特征向量,以及它们构成的新 2 维平面 新特征向量让数据能够被压缩到少数特征上,并且总信息量不损失太多	通过某种变化,找出 n 个新的特征向量,以及它们构成的新 n 维空间 V
4	找出数据点在新坐标系上 2 个新坐标轴上的坐标	找出原始数据在新特征空间 V 中的 n 个新特征向量上对应的值,即"将数据映射到新空间中"
5	选取第 1 个方差最大的特征向量,删掉没有被选中的特征,成功将 2 维平面降为 1 维	选取前 k 个信息量最大的特征,删掉没有被选中的特征,成功将 n 维空间 V 降为 k 维

在步骤 3 中找出 n 个新特征向量,让数据能够被压缩到少数特征上并且总信息量不损失太多的技术就是矩阵分解。PCA 和 SVD 是两种不同的降维算法,但它们都遵从上面的过程来实现降维,只是两种算法中矩阵分解的方法不同,信息量的衡量指标不同。PCA 使用方差作为信息量的衡量指标,并且用特征值分解来找出空间 V。降维时,它会通过一系列数学的神秘操作(如产生协方差矩阵)将特征矩阵 X 分解为以下三个矩阵,其中 Q 和 Q^{-1} 是辅助的矩阵,Σ 是一个对角矩阵(即除对角线上有值外,其他位置都是 0 的矩阵),其对角线上的元素就是方差。降维完成之后,PCA 找到的每个新特征向量就称为“主成分”,而被丢弃的特征向量被认为信息量很少, 这些信息很可能就是噪声,即

$$X \rightarrow 数学运算 \rightarrow Q\Sigma Q^{-1}$$

而 SVD 使用奇异值分解来找出空间 V,其中 Σ 也是一个对角矩阵,不过其对角线上的元素是奇异值,这也是 SVD 中用来衡量特征上的信息量的指标。U 和 $\hat{V}\{T\}$ 分别是左奇异矩阵和右奇异矩阵,也都是辅助矩阵,有

$$X \rightarrow 另一个数学运算 \rightarrow U\Sigma U^{\mathrm{T}}$$

在数学原理中,无论是 PCA 还是 SVD,都需要遍历所有的特征和样本来计算信息量指标。并且在矩阵分解的过程中,会产生比原来的特征矩阵更大的矩阵,如原数据的结构是 (m,n),在矩阵分解中为找出最佳新特征空间 V,可能需要产生 (n,n) 和 (m,m) 大小的矩阵,还需要产生协方差矩阵去计算更多的信息。而现在无论是 Python 还是 R,或者其他的任何语言,在大型矩阵运算上都不是特别擅长,无论代码如何简化,都不可避免地要等待计算机去完成这个非常庞大的数学计算过程。因此,降维算法的计算量很大,运行比较缓慢,但无论如何,它们的功能都无可替代。

PCA 和特征选择技术都是特征工程的一部分,但它们是不同的。特征选择是从已存在的特征中选取携带信息最多的特征,选完之后的特征依然具有可解释性,依然知道这个特征在原数据的哪个位置,代表着原数据上的什么含义。而 PCA 是将已存在的特征进行压缩,降维完毕后的特征不是原本的特征矩阵中的任何一个特征,而是通过某些方式组合起来的新特征。通常来说,在新的特征矩阵生成之前,无法知晓 PCA 都建立了怎样的新特征向量,新特征矩阵生成之后也不具有可读性,无法判断新特征矩阵的特征是从原数据中的什么特征组合而来的,新特征虽然带有原始数据的信息,却已经不是原数据上代表着的含义了。以 PCA 为代表的降维算法是特征创造的一种。因此,PCA 一般不适用于探索特征与标签之间关系的模型(如线性回归),因为无法解释的新特征和标签之间的关系不具有意义。在线性回归模型中,使用特征选择。

二、重要参数 n_components

n_components 是降维后需要的维度,即降维后需要保留的特征数量,降维流程第二步中需要确认的 K 值,一般输入 $[0, \min(X.\text{shape})]$ 范围中的整数。这里的 K 类似于 KNN 中的 K 和随机森林中的 n_estimators,这是一个需要人为确认的超参数,并且设定的数字会影响到模型的表现。如果留下的特征太多,就达不到降维的效果;如果留下的特征太少,新特征向量可能无法容纳原始数据集中的大部分信息。因此,n_components 既不能太大,也不能太小。

可以先从降维目标说起:如果希望可视化一组数据来观察数据分布,往往将数据降到三维以下,很多时候是二维,即 n_components 的取值为 2。

鸢尾花数据可视化图像如图 11.5 所示。

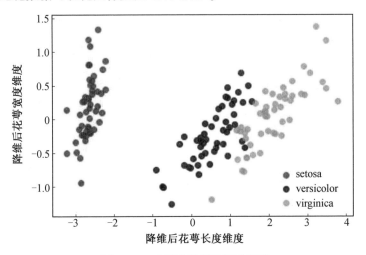

图 11.5　鸢尾花数据可视化图像

鸢尾花的分布被展现在眼前,明显这是一个分簇的分布,并且每个簇之间的分布相对比较明显。也许 versicolor 和 virginia 这两种花之间会有一些分类错误,但 setosa 肯定不会被分错。这样的数据很容易分类,可以预见,KNN、随机森林、神经网络、朴素贝叶斯、AdaBoost 这些分类器在鸢尾花数据集上,未调整时都可以有 95% 左右的准确率。

除输入整数外,n_components 还有哪些选择呢? 前面提到过,矩阵分解的理论发展在业界独树一帜。T. P. Minka 在麻省理工学院媒体实验室做研究时找出了让 PCA 用最大似然估计(maximum likelihood estimation) 自选超参数的方法,输入 mle 作为 n_components 的参数输入,就可以调用这种方法。

输入 $[0,1]$ 的浮点数,并且让参数 svd_solver == 'full',表示希望降维后的总解释性方差占比大于 n_components 指定的百分比,即希望保留百分之几的信息量。例如,如果希望保留 97% 的信息量,就可以输入 n_components = 0.97,PCA 会自动选出能够让保留的信息量超过 97% 的特征数量。

三、重要参数 svd_solver 与 random_state

参数 svd_solver 是在降维过程中用来控制矩阵分解的一些细节的参数。有四种模式可选:auto、full、arpack 和 randomized。默认为 auto。

1. auto

基于 X. shape 和 n_components 的默认策略来选择分解器:如果输入数据的尺寸大于 500×500 且要提取的特征数小于数据最小维度 min(X. shape) 的 80%,就启用效率更高的 randomized 方法;否则,精确完整的 SVD 将被计算,截断将会在矩阵被分解完成后有选择地发生。

2. full

从 scipy. linalg. svd 中调用标准的 LAPACK 分解器来生成精确完整的 SVD,适合数据量比较适中、计算时间充足的情况,生成的精确完整的 SVD 的结构为 $U_{(m,m)}$、$\Sigma_{(m,n)}$、$V_{(n,n)}^{\mathrm{T}}$。

3. arpack

从 scipy. sparse. linalg. svds 中调用 ARPACK 分解器来运行截断奇异值分解(SVD truncated),分解时就将特征数量降到 n_components 中输入的数值 k,可以加快运算速度,适合特征矩阵很大的情况,但一般用于特征矩阵为稀疏矩阵的情况,此过程包含一定的随机性。截断后的 SVD 分解出的结构为 $U_{(m,k)}$、$\Sigma_{(k,k)}$、$V_{(n,n)}^{\mathrm{T}}$。

4. randomized

通过 Halko 等的随机方法进行随机 SVD。在 full 方法中,分解器会根据原始数据和输入的 n_components 值去计算和寻找符合需求的新特征向量,但是在 randomized 方法中,分解器会先生成多个随机向量,然后一一检测这些随机向量中是否有任何一个符合分解需求。如果符合,就保留这个随机向量,并基于这个随机向量来构建后续的向量空间。这个方法已经被 Halko 等证明比 full 模式下计算快得多,并且还能够保证模型运行效果,适合特征矩阵巨大、计算量庞大的情况。

而参数 random_state 在参数 svd_solver 的值为 arpack 或 randomized 时生效,可以控制这两种 SVD 模式中的随机模式。通常选用 auto,不必对这个参数纠结太多。

四、重要属性 components

现在了解了 $V(k,n)$ 是新特征空间,是要将原始数据进行映射的新特征向量组成的矩阵。用它来计算新的特征矩阵,但希望获取的是 X_dr,为什么要把 $V(k,n)$ 这个矩阵保存在 n_components 这个属性中来调取查看呢?

前面讲到 PCA 与特征选择的区别,即特征选择后的特征矩阵是可解读的,而 PCA 降维后的特征矩阵式不可解读的。PCA 是将已存在的特征进行压缩,降维完毕后的特征不是原本的特征矩阵中的任何一个特征,而是通过某些方式组合起来的新特征。通常来说,在新的特征矩阵生成之前,无法知晓 PCA 都建立了怎样的新特征向量,新特征矩阵生成之后也不具有可读性,无法判断新特征矩阵的特征是从原数据中的什么特征组合而来,新特征虽然带有原始数据的信息,却已经不是原数据上代表着的含义了。

其实,在矩阵分解时,PCA 是有目标的:在原有特征的基础上,找出能够让信息尽量聚集的新特征向量。在 scikit − learn 使用的 PCA 和 SVD 联合的降维方法中,这些新特征向量组成的新特征空间其实就是 $V(k,n)$。当 $V(k,n)$ 是数字时,无法判断 $V(k,n)$ 与原有的特征究竟有着怎样千丝万缕的数学联系。但是,如果原特征矩阵是图像,$V(k,n)$ 这个空间矩阵也可以被可视化,就可以通过两张图来比较,看出新特征空间究竟从原始数据中提取了什么重要的信息。

五、重要接口 inverse_transform

inverse_transform 可以将归一化、标准化甚至做过哑变量的特征矩阵还原回原始数据中的特征矩阵,这几乎在暗示任何有 inverse_transform 接口的过程都是可逆的。PCA 应该也是如此。在 scikit − learn 中,通过让原特征矩阵 X 右乘新特征空间矩阵 $V(k,n)$ 来生成新特征矩阵 X_dr。从理论上来说,让新特征矩阵 X_dr 右乘 $V(k,n)$ 的逆矩阵 $V_{(k,n)}^{-1}$,就可以将新特征矩阵 X_dr 还原为 X。

第十二章　　朴素贝叶斯

在许多分类算法应用中,特征与标签之间的关系并非是决定性的。例如,想预测一个人究竟是否会在泰坦尼克号海难中生存下来,可以建一棵决策树来学习训练集。在训练中,其中一个人的特征为 30 岁,男,普通舱,他最后在泰坦尼克号海难中去世了。测试时发现有另一个人的特征也为 30 岁,男,普通舱。基于在训练集中的学习,决策树必然会给这个人打上标签:去世。然而这个人的真实情况一定是去世了吗? 并非如此。

也许这个人是心脏病患者,得到了上救生艇的优先权;也许这个人就是挤上了救生艇,活了下来。对分类算法来说,基于训练的经验,这个人"很有可能"没有活下来,但算法永远也无法确定"这个人一定没有活下来"。即便这个人最后真的没有活下来,算法也无法确定基于训练数据给出的判断是否真的解释了这个人没有存活下来的真实情况。也就是说,算法得出的结论永远不是100%确定的,更多的是判断出了一种"样本的标签更可能是某类的可能性",而非一种"确定"。通过某些规定,如在决策树的叶子节点上占比较多的标签,就是叶子节点上所有样本的标签,来强行让算法返回一个固定结果。但许多时候,也希望能够理解算法判断出的可能性本身,每种算法使用不同的指标来衡量这种可能性。例如,决策树使用的就是叶子节点上占比较多的标签所占的比例(接口 predict_proba 调用),逻辑回归使用的是 sigmoid 函数压缩后的似然(接口 predict_proba 调用),而 SVM 使用的是样本点到决策边界的距离(接口 decision_function 调用)。但这些指标的本质其实都是一种"类概率"的表示,可以通过归一化或 Sigmoid 函数将这些指标压缩到 0 ~ 1,让它们表示模型对预测的结果究竟有多大的把握(置信度)。但无论如何,都希望使用真正的概率来衡量可能性,因此就有了真正的概率算法:朴素贝叶斯。 朴素贝叶斯是一种直接衡量标签与特征之间概率关系的有监督学习算法,是一种专注分类的算法。朴素贝叶斯的算法根源就是基于概率论和数理统计的贝叶斯理论。接下来就来认识一下这个简单快速的概率算法。

第一节　　朴素贝叶斯原理

朴素贝叶斯被认为是最简单的分类算法之一。首先需要了解一些概率论的基本理论。假设有两个随机变量 X 和 Y，分别取值为 x 和 y。有了这两个随机变量，可以定义以下两种概率。

1. 联合概率

联合概率表示"X 取值为 x"和"Y 取值为 y"两个事件同时发生的概率，表示为 $P(X = x, Y = y)$。

2. 条件概率

在"X 取值为 x"的前提下，"Y 取值为 y"的概率表示为 $P(X = x | Y = y)$。

举个例子，让 X 为"气温"，Y 为"七星瓢虫冬眠"，则 X 和 Y 可能的取值分为别 x 和 y。$x = \{0,1\}$，0 表示没有下降到 0 ℃ 以下，1 表示下降到了 0 ℃ 以下；$y = \{0,1\}$，其中 0 表示否，1 表示是。

两个事件分别发生的概率如下。

$P(X = 1) = 50\%$ 说明气温下降到 0 ℃ 以下的可能性为 50%，则有

$$P(X = 0) = 1 - P(X = 1) = 50\%$$

$P(X = 1) = 70\%$ 说明七星瓢虫会冬眠的可能性为 70%，则有

$$P(Y = 0) = 1 - P(Y = 1) = 30\%$$

这两个事件的联合概率为 $P(X = 1, Y = 1)$，这个概率代表了气温下降到 0 ℃ 以下和七星瓢虫冬眠这两件事情同时独立发生的概率。而两个事件之间的条件概率为 $P(X = 1 | Y = 1)$，这个概率代表当气温下降到 0 ℃ 以下这个条件被满足之后，七星瓢虫会冬眠的概率。也就是说，气温下降到 0 ℃ 以下，一定程度上影响了七星瓢虫冬眠这个事件。在概率论中可以证明，两个事件的联合概率等于这两个事件任意条件概率 × 这个条件事件本身的概率，则有

$$P(X = 1, Y = 1) = P(Y = 1 | X = 1) \times P(X = 1)$$
$$= P(X = 1 | Y = 1) \times P(Y = 1)$$

简单一些，则可以将上面的式子写成

$$P(X, Y) = P(Y | X) \times P(X) = P(X | Y) \times P(Y)$$

由上面的式子可以得到贝叶斯理论等式，即

$$P(Y | X) = \frac{P(X | Y) \times P(Y)}{P(X)}$$

而这个式子就是一切贝叶斯算法的根源理论。可以把特征 X 当成条件事件，要求解的标签 Y 是满足条件后会被影响的结果，二者之间的概率关系就是 $P(Y | X)$，这个概率在机器学习中称为标签的后验概率（posterior probability），即先知道了条件，再求解结果。而标签 Y 在没有任何条件限制下取值为某个值的概率，写为 $P(Y)$。与后验概率相反，这是完全没有任何条件限制的标签的先验概率（prior probability）。而 $P(Y | X)$ 称为"类的条件概率"，表示当 Y 的取值固定时，X 为某个值的概率。

一、瓢虫冬眠:理解 $P(Y \mid X)$

假设依然让 X 是"气温",这就是特征;Y 是"七星瓢虫冬眠",这就是标签。建模的目的是预测七星瓢虫是否会冬眠。在许多书中,会非常自然地说现在求的就是 $P(Y \mid X)$,然后根据贝叶斯理论等式开始做各种计算和分析。写作 $P(Y \mid X)$ 的这个概率代表了什么呢? 更具体一点,这个表达可以代表多少种概率呢?

(1) $P(Y=1 \mid X=1)$ 表示气温 0 ℃ 以下的条件下,七星瓢虫冬眠的概率。

(2) $P(Y=1 \mid X=0)$ 表示气温 0 ℃ 以上的条件下,七星瓢虫冬眠的概率。

(3) $P(Y=0 \mid X=1)$ 表示气温 0 ℃ 以下的条件下,七星瓢虫没有冬眠的概率。

(4) $P(Y=0 \mid X=0)$ 表示气温 0 ℃ 以上的条件下,七星瓢虫没有冬眠的概率。

数学中的第一个步骤也是最重要的事情就是定义清晰。其实在数学中,$P(Y \mid X)$ 的确代表了全部的可能性,而不是单一的概率本身。现在有两种取值,这让概率 $P(Y \mid X)$ 的定义变得很模糊,排列组合之后竟然有四种可能。在机器学习中,一个特征 X 下取值可能不止两种,标签也可能是多分类的,还会有多个特征,排列组合后到底求解的 $P(Y \mid X)$ 是什么是一个让人感到混淆的点。$P(Y)$ 随着标签中分类的个数,可以有不同的取值,$P(Y \mid X)$ 也是一样。

机器学习中的简写 $P(Y)$ 通常表示标签取到少数类的概率,少数类往往使用正样本表示,也就是 $P(Y=1)$,本质就是所有样本中标签为 1 的样本所占的比例。如果没有样本不均衡问题,则必须在求解时明确 Y 的取值是什么。

而 $P(Y \mid X)$ 是对于任意一个样本而言,如果这个样本的特征 X 的取值为 1,则表示求解 $P(Y=1 \mid X=1)$;如果这个样本的特征 X 的取值为 0,则表示求解 $P(Y=1 \mid X=0)$。也就是说,$P(Y \mid X)$ 是具体到每一个样本上的,究竟求什么概率,由样本本身的特征的取值决定。每个样本的 $P(Y \mid X)$ 如果大于阈值 0.5,则认为样本是少数类(正样本,1);如果小于阈值 0.5,则认为样本是多数类(负样本,0 或 −1)。如果没有具体的样本,只是说明例子,则必须明确 $P(Y \mid X)$ 中 X 的取值。

在机器学习中,对每一个样本,不可能只有一个特征 X,而是会存在包含 n 个特征的取值的特征向量 X。因此,机器学习中的后验概率写作 $P(Y \mid X)$。其中,X 中包含样本在 n 个特征上 X_i 分别的取值 x_i,由此可以表示为 $X = \{X_1 = x_1, X_2 = x_2, \cdots, X_n = x_n\}$。

在机器学习中,对每一个样本,有

$$P(Y=1\mid X)=\frac{P(X\mid Y=1)\times P(Y=1)}{P(X)}$$

$$=\frac{P(x_1,x_2,\cdots,x_n\mid Y=1)\times P(Y=1)}{P(x_1,x_2,\cdots,x_n)}$$

对于分子而言,$P(Y=1)$ 就是少数类占总样本量的比例,$P(X\mid Y=1)$ 则需要稍微复杂一点的过程来求解。假设只有两个特征 X_1 和 X_2,由联合概率公式可以有

$$P(X_1,X_2\mid Y=1)=\frac{P(X_1,X_2,Y=1)}{P(Y=1)}=\frac{P(X_1,X_2,Y=1)}{P(X_2,Y=1)}\times\frac{P(X_2,Y=1)}{P(Y=1)}$$

$$=P(X_1\mid X_2,Y=1)\times P(X_2\mid Y=1)$$

假设 X_1 和 X_2 是有条件独立的,则上式继续为

$$P(X_1,X_2\mid Y=1)=P(X_1\mid Y=1)\times P(X_2\mid Y=1)$$

推广到 n 个 X 上,则有

$$P(X\mid Y=1)=\prod_{i=1}^{n}P(X_i=x_i\mid Y=1)$$

这个式子证明,在 $Y=1$ 的条件下,多个特征的取值被同时取到的概率等于 $Y=1$ 的条件下多个特征的取值被分别取到的概率相乘。其中,假设 X_2 是有条件独立,则可以让 $P(X_1\mid X_2,Y=1)=P(X_1\mid Y=1)$,这是在假设 X_2 是一个对 X_1 在某个条件下的取值完全无影响的变量,温度(X_1)与观察到的瓢虫的数目(X_2)之间的关系。有人可能会说,温度在 0 ℃ 以下时,观察到的瓢虫数目往往很少。这种关系的存在可以通过一个中间因素,即瓢虫会冬眠(Y)来解释。冬天瓢虫都冬眠了,自然观察不到很多瓢虫出来活动。也就是说,如果瓢虫冬眠的属性是固定的($Y=1$),那么观察到的温度与瓢虫出没数目之间关系就会消失。因此,无论是否还存在着"观察到的瓢虫数目"这样的因素,都可以判断这只瓢虫到底会不会冬眠。在这种情况下,温度与观察到的瓢虫数目是条件独立的。

假设特征之间是有条件独立的,可以解决众多问题,也简化了很多计算过程,这是朴素贝叶斯被称为"朴素"的理由。 因此,贝叶斯在特征之间有较多相关性的数据集上表现不佳,而现实中的数据多多少少都会有一些相关性,所以贝叶斯的分类效力在分类算法中不算特别强大。同时,一些影响特征本身的相关性的降维算法,如 PCA 和 SVD,与贝叶斯连用效果也会不佳。但无论如何,有了这个式子,就可以求解出分子。

接下来看贝叶斯理论等式的分母 $P(X)$,可以使用全概率公式来求解,即

$$P(X)=\sum_{i=1}^{m}\times P(y_i)\times P(X\mid Y_i)$$

其中, m 代表标签的种类,也就是说,对于二分类而言,有

$$P(X) = P(Y=1) \times P(X \mid Y=1) + P(Y=0) \times P(X \mid Y=0)$$

二、贝叶斯的性质与最大后验估计

分类算法总是有一个特点:这些算法先从训练集中学习,获取某种信息来建立模型,然后用模型去对测试集进行预测。例如,逻辑回归要先从训练集中获取让损失函数最小的参数,然后用参数建立模型,再对测试集进行预测。又如,支持向量机要先从训练集中获取让边际最大的决策边界,然后用决策边界对测试集进行预测。相同的流程在决策树、随机森林中也出现,在预测时必然已经构造好了能够让对测试集进行判断的模型。而朴素贝叶斯似乎没有这个过程。

有一张有标签的表,预测 0 ℃ 以下时,年龄为 20 d 的瓢虫会冬眠的概率,就顺理成章地算了出来。没有利用训练集求解某个模型的过程,也没有训练完毕了做测试的过程,而是直接对有标签的数据提出要求,就可以得到预测结果了。

这说明,朴素贝叶斯是一个不建模的算法。以往学习的不建模算法(如 K -means 和 PCA)都是无监督学习,而朴素贝叶斯是第一个有监督、不建模的分类算法。在刚才举的例子中,有标签的表格就是训练集,而要求"0 ℃ 以下时年龄为 20 d 的瓢虫"就是没有标签的测试集。训练集和测试集都来自于同一个不可获得的大样本下,并且这个大样本下的各种属性所表现出来的规律应当是一致的,因此训练集上计算出来的各种概率可以直接放到测试集上来使用。即便不建模,也可以完成分类。但实际中,贝叶斯的决策过程并没有给出的例子这么简单,有

$$P(Y=1 \mid X) = \frac{P(Y=1) \times \prod_{i=1}^{n} P(x_i \mid Y=1)}{P(X)}$$

对于这个式子来说,从训练集中求解 $P(Y=1)$ 很容易,但 $P(X)$ 和 $P(x_i \mid Y=1)$ 这一部分就没有这么容易了。通过全概率公式来求解分母,两个特征就求解了四项概率。随着特征数目的逐渐变多,分母上的计算量会成指数级增长,而分子中的 $P(x_i \mid Y=1)$ 也越来越难计算。不过,对于同一个样本,在二分类状况下可以有

$$P(Y=1 \mid X) = \frac{P(Y=1) \times \prod_{i=1}^{n} P(x_i \mid Y=1)}{P(X)}$$

$$P(Y=0 \mid X) = \frac{P(Y=0) \times \prod_{i=1}^{n} P(x_i \mid Y=0)}{P(X)}$$

并且

$$P(Y=1 \mid X) + P(Y=0 \mid X) = 1$$

在分类时,选择$P(Y=1 \mid X)$和$P(Y=0 \mid X)$中较大的一个所对应的Y的取值作为这个样本的分类。在比较两个类别时,两个概率计算的分母是一致的,因此可以不用计算分母,只考虑分子的大小。当分别计算出分子的大小之后,就可以通过让两个分子相加,获得分母的值,以此来避免计算一个样本上所有特征下的概率$P(X)$,这个过程称为"最大后验估计"(MAP)。在最大后验估计中,只需要求解分子,主要是求解一个样本下每个特征取值下的概率$P(x_i \mid Y=y_i)$,再求连乘便能够获得相应的概率。在现实中,要求解分子也会有各种各样的问题。例如,测试集中出现的某种概率组合是训练集中从未出现的状况,这种时候就会出现某一个概率为0的情况,贝叶斯概率的分子就会为0。现实中的大多数标签还是连续型变量,要处理连续型变量的概率,就不是单纯的数样本个数的占比问题了。接下来看如何对连续型特征求解概率。

三、连续型变量的概率估计

要处理连续型变量,可以有两种方法。第一种是把连续型变量分成j个箱,把连续型强行变成分类型变量。分箱后,将每个箱中的均值$\bar{x_i}$当作一个特征X_i上的取值,然后计算箱j中$Y=1$所占的比例,就是$P(x_i \mid Y=1)$。这个过程的主要问题是箱子不能太大也不能太小。如果箱子太大,就失去了分箱的基本意义;如果箱子太小,可能每个箱子中就没有足够的样本来帮助计算$P(x_i \mid Y)$。因此,必须适当地衡量分箱效果。

思考一个简单的问题:某汉堡店向客户承诺说他们的汉堡至少是100 g一个,但如果去买一个汉堡,严格意义上来说,不可能刚好100 g。汉堡质量为特征X_i,100 g就是取值x_i,则买到一个汉堡是100 g的概率$P(100 \text{ g} \mid Y)$是多少呢?如果买n个汉堡,很可能n个汉堡都不一样重,只要称重足够精确,如100.000 001 g和100.000 02 g就可以是不一致的。这种情况下可以买无限个汉堡,得到无限个质量,有无限个基本随机事件的发生,所以有

$$P(100 \text{ g} \mid Y) = \lim_{N \to \infty} \frac{1}{N} = 0$$

即买到的汉堡刚好是100 g的概率为0。当一个特征下有无数种可能发生的事件时,这个特征的取值就是连续型的,如现在的特征"汉堡的质量"。从上面的例子中可以看出,当特征为连续型时,随机取到某一个事件发生的概率就为

0。随机买一个汉堡,汉堡的质量在98 ～ 102 g 的概率是多少? 即现在求解概率 $P(98\ g < X < 102\ g)$。现在随机购买 100 个汉堡,称重后记下所有质量在98 ～102 g 的汉堡个数,假设为 m,则有

$$P(98\ g < x < 102\ g) = \frac{m}{100}$$

如果基于100 个汉堡绘制直方图,并规定每 4 g 为一个区间,横坐标为汉堡的质量的分布,纵坐标为这个区间上汉堡的个数。

如图 12.1 所示,m 表示的是数量。则概率可以变换为

$$P(98\ g < x < 102\ g) = \frac{m \times 4}{100 \times 4} = \frac{中间的区间面积}{直方图中所有区间的面积}$$

如果购买 10 000 个汉堡并绘制直方图(如图12.1(b)),将直方图上的区间缩小,$P(98\ g < X < 102\ g)$ 依然是所有中间区域的面积除以所有柱状图的面积,可以看到现在直方图变得更加平滑,看起来更像一座山了。假设购买 10 万个或无限个汉堡,则可以想象直方图最终会变成仿佛一条曲线,而汉堡质量的概率 $P(98\ g < X < 102\ g)$ 依然是所有中间的面积除以曲线下所有柱状图的总面积。当购买无数个汉堡时,形成的曲线就称为概率密度曲线(probability density function,PDF)。

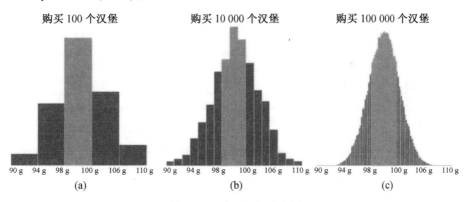

购买 100 个汉堡　　　　**购买 10 000 个汉堡**　　　　**购买 100 000 个汉堡**

90 g　94 g　98 g　100 g　106 g　110 g　　90 g　94 g　98 g　100 g　106 g　110 g　　90 g　94 g　98 g　100 g　106 g　110 g

(a)　　　　　　　　　　(b)　　　　　　　　　　(c)

图 12.1　购买汉堡直方图

一条曲线下的面积就是这条曲线所代表的函数的积分。如果定义曲线可以用函数 $f(x)$ 来表示,则整条曲线下的面积为

$$\int_{-\infty}^{+\infty} f(x)\,\mathrm{d}x$$

式中,$\mathrm{d}x$ 是 $f(x)$ 在 x 上的微分。在某些特定的 $f(x)$ 下,可以证明上述积分等于1,总面积是 1,说明一个连续型特征 X 的取值取到某个区间 $[x_i,\ x_i + e]$ 的概率就为这个区间上概率密度曲线下的面积,所以特征 X_i 在区间 $[x_i,\ x_i + e]$ 中取值的概率可以表示为

$$P(x_i < x < x_i + \sigma) = \int_{x_i}^{x_i+\sigma} f(x)\,\mathrm{d}x \approx f(x_i) \times \sigma$$

在后验概率的计算过程中,可以将常量 e 抵消掉,然后可以利用 $f(x_i)$ 的某种变化来估计 $P(x_i \mid Y)$。现在就将求解连续型变量下某个点取值的概率问题转化成求解一个函数 $f(x)$ 在点 x_i 上的取值的问题。接下来只要找到 $f(x)$,就可以求解出不同的条件概率。

在现实中,往往假设 $f(x)$ 是满足某种统计学中的分布的,最常见的就是高斯分布,常用的还有伯努利分布、多项式分布。这些分布对应着不同的贝叶斯算法,其实它们的本质都是相同的,只不过计算中的 $f(x)$ 不同。每个 $f(x)$ 都对应着一系列需要去估计的参数,因此在贝叶斯中,训练过程其实是在估计对应分布的参数,预测过程是在该参数下的分布中去进行概率预测。

第二节　　朴素贝叶斯分类器

scikit – learn 基于这些分布及这些分布上的概率估计的改进,提供了几个朴素贝叶斯分类器,见表 12.1。

表 12.1　朴素贝叶斯分类器及其含义

类	含义
naive_bayes. BernoulliNB	伯努利分布下的朴素贝叶斯
naive_bayes. GaussianNB	高斯分布下的朴素贝叶斯
naive_bayes. MultinomialNB	多项式分布下的朴素贝叶斯
naive_bayes. ComplementNB	补集朴素贝叶斯
linear_model. BayesianRidge	贝叶斯岭回归,在参数估计过程中使用 贝叶斯回归技术来包括正则化参数

虽然朴素贝叶斯使用了过于简化的假设,但这个分类器在许多实际情况中都运行良好,尤其是文档分类和垃圾邮件过滤。贝叶斯从概率角度进行估计,它所需要的样本量较少,极端情况下甚至可以使用1%的数据作为训练集,依然可以得到很好的拟合效果。当然,如果样本量少于特征数目,贝叶斯的效果就会被削弱。

与 SVM 和随机森林相比,朴素贝叶斯运行速度更快,因为求解本质是在每个特征上单独对概率进行计算,然后求乘积,所以每个特征上的计算可以是独立且并行的,贝叶斯的计算速度较快。不过,贝叶斯的运行效果不是那么好,所以贝叶斯的接口调用的 predict_proba 其实也不是总指向真正的分类结果,这一点需要注意。

第三节　评估指标

混淆矩阵和精确性可以帮助了解贝叶斯的分类结果。然而,选择贝叶斯进行分类,大多数时候都不是单单追求效果,而是希望看到预测的相关概率。这种概率给出预测的可信度,所以对于概率类模型,希望能够由其他的模型评估指标来帮助判断模型在"概率预测"这项工作上完成得如何。接下来看概率模型独有的评估指标。

一、布里尔分数

概率预测的准确程度称为"校准程度",是衡量算法预测出的概率与真实结果差异的一种方式。一种比较常用的指标称为布里尔分数(Brier score),它被计算为是概率预测相对于测试样本的均方误差,表示为

$$\text{Brier score} = \frac{1}{N} \sum_{i=1}^{n} (p_i - o_i)^2$$

式中,N 为样本数量;p_i 为朴素贝叶斯预测出的概率;o_i 为样本所对应的真实结果,只能取到 0 或 1,如果事件发生则为 1,如果不发生则为 0。这个指标衡量了概率距离真实标签结果的差异,其实看起来非常像是均方误差。布里尔分数的范围是从 0 到 1,分数越高则预测结果越差,校准程度越差,因此布里尔分数越接近 0 越好。由于它的本质也是在衡量一种损失,因此在 scikit – learn 中,布里尔得分被命名为 brier_score_loss。

二、对数似然函数

另一种常用的概率损失衡量是对数损失(log_loss),又称对数似然、逻辑损失或交叉熵损失,它是多元逻辑回归及一些拓展算法(如神经网络)中使用的损失函数。它被定义为对于一个给定的概率分类器,在预测概率为条件的情况下,真实概率发生的可能性的负对数。由于是损失,因此对数似然函数的取值越小,则证明概率估计越准确,模型越理想。值得注意的是,对数损失只能用于评估分类型模型。对于一个样本,如果样本的真实标签 y_{true} 在 $\{0,1\}$ 中取值,并且这个样本在类别 1 下的概率估计为 y_{pred},则这个样本所对应的对数损失是

$$- \log P(y_{\text{true}} \mid y_{\text{pred}}) = - [y_{\text{true}} \times \log y_{\text{pred}} + (1 - y_{\text{true}}) \times \log(1 - y_{\text{pred}})]$$

与逻辑回归的损失函数一样,即

$$J(\theta) = - \sum_{i=1}^{m} [y_i \times \log y_\theta(x_i) + (1 - y_i) \times \log(1 - y_\theta(x_i))]$$

需要注意到,在实际运用时,用 log_loss 得出的结论与使用布里尔分数得出

的结论不一致：当使用布里尔分数作为评判标准时，SVC 的估计效果是最差的，逻辑回归与贝叶斯的结果相接近；当使用对数似然时，虽然依然是逻辑回归最强大，但贝叶斯却没有 SVC 的效果好。为什么会有这样的不同呢？因为逻辑回归和 SVC 都是以最优化为目的来求解模型，然后进行分类的算法。而朴素贝叶斯中却没有最优化的过程。对数似然函数直接指向模型最优化的方向，甚至就是逻辑回归的损失函数本身，因此在逻辑回归和 SVC 上表现得更好。什么时候使用对数似然，什么时候使用布里尔分数呢？

在现实应用中，对数似然函数是概率类模型评估的黄金指标，往往是评估概率类模型的优先选择。但是它也有一些缺点：首先，它没有界，不像布里尔分数有上限，可以作为模型效果的参考；其次，它的解释性不如布里尔分数，很难与非技术人员去交流对数似然存在的可靠性和必要性；最后，它在以最优化为目标的模型上明显表现更好。而且，它还有一些数学上的问题，如不能接受为 0 或 1 的概率，否则对数似然就会取到极限值（考虑以 e 为底的自然对数在取到 0 或 1 时的情况）。

三、可靠性曲线

可靠性曲线又称概率校准曲线和可靠性图，这是一条以预测概率为横坐标、以真实标签为纵坐标的曲线。希望预测概率与真实值越接近越好，最好二者相等，因此一个模型／算法的概率校准曲线越靠近对角线越好。校准曲线也是模型评估指标之一。与布里尔分数相似，概率校准曲线是对于标签的某一类来说的，因此一类标签就会有一条曲线，或者可以使用一个多类标签下的平均来表示一整个模型的概率校准曲线。但通常来说，曲线用于二分类的情况最多，感兴趣的读者可以自行探索多分类的情况。

四、预测概率的直方图

可以通过绘制直方图来查看模型的预测概率的分布。直方图是以样本的预测概率分箱后的结果为横坐标，每个箱中的样本数量为纵坐标的一个图像。注意，这里的分箱与在可靠性曲线中的分箱不同，这里的分箱是将预测概率均匀分为一个个的区间，与之前可靠性曲线中为了平滑地分箱完全不同。

五、校准可靠性曲线

等近似回归有两种回归可以使用：一种是基于 Platt 的 Sigmoid 模型的参数校准方法；另一种是基于等渗回归（isotonic calibration）的非参数的校准方法。概率校准应该发生在测试集上，必须是模型未曾见过的数据。在数学上，使用这两种方式来对概率进行校准的原理十分复杂,而此过程在 scikit – learn 中无法进行干涉,不必过于去深究,如果希望深入研究利用回归校准概率的细节,可以查看 scikit – learn 中的如下案例。

第四节　　朴素贝叶斯的优缺点

一、朴素贝叶斯的优点

朴素贝叶斯算法假设了数据集属性之间是相互独立的,因此算法的逻辑性十分简单,并且算法较为稳定,当数据呈现不同的特点时,朴素贝叶斯的分类性能不会有太大的差异。换句话说,就是朴素贝叶斯算法的健壮性较好,对于不同类型的数据集不会呈现出太大的差异性。当数据集属性之间的关系相对比较独立时,朴素贝叶斯分类算法会有较好的效果。

二、朴素贝叶斯的缺点

属性独立性的条件同时也是朴素贝叶斯分类器的不足之处。数据集属性的独立性在很多情况下是很难满足的,因为数据集的属性之间往往都存在着相互关联,如果在分类过程中出现这种问题,会导致分类的效果大大降低。

第五节　　应　用　场　景

朴素贝叶斯算法是一种基于概率统计的分类算法,其应用场景包括但不限于以下几个方面。

1. 垃圾邮件过滤

朴素贝叶斯可以用于过滤垃圾邮件,如将邮件分类为垃圾邮件或非垃圾邮件。

2. 文本分类

朴素贝叶斯可以用于文本分类,如将文本分类为新闻、评论、广告等类别。

3. 情感分析

朴素贝叶斯可以用于情感分析,如将文本分类为正面情感、负面情感或中性情感。

4. 推荐系统

朴素贝叶斯可以用于推荐系统,如将用户分类为对某个产品感兴趣或不感兴趣。

5. 医学诊断

朴素贝叶斯可以用于医学诊断,如将患者分类为患有某种疾病或未患有某种疾病。

6. 图像识别

朴素贝叶斯可以用于图像分类、目标检测等任务,如将图像分类为人、车、动物等类别。

7. 金融风险管理

朴素贝叶斯可以用于信用评估、欺诈检测等任务,如将客户分类为违约客户或非违约客户。

8. 生物信息学

朴素贝叶斯可以用于基因分类、蛋白质分类、药物分类等任务,如将基因分类为正常基因或异常基因。

9. 智能问答

朴素贝叶斯可以用于智能问答系统,如将用户提问分类为不同的问题类型。

10. 聚类分析

朴素贝叶斯可以用于聚类分析,如将数据点聚类为不同的簇。需要注意的是,朴素贝叶斯算法的应用场景非常广泛,只需要进行分类的任务,就可以考虑使用朴素贝叶斯算法进行建模和预测。同时,在实际应用中,朴素贝叶斯算法通常会与其他模型结合使用,以提高预测准确率。

第十三章　LGBM　算　法

在学习了梯度提升树的改进算法后,接下来将进入更加前沿的集成学习算法即 LGBM 算法的学习中。LGBM 是一种高效的 gradient boosting 算法,由 Microsoft Research Asia 团队开发,早期为 Microsoft 内部处理海量高维数据的专用算法,并于 2017 年由 Guolin Ke、Qi Meng、Thomas Finley 等通过论文形式正式发布。如果说 XGB 为 GBDT 类算法在提升计算精度上做出了里程碑式的突破,那么 LGBM 则是在计算效率和内存优化上提出了开创性的解决方案,一举将 GBDT 类算法计算效率提高了近 20 倍,并且计算内存占用减少了 80%,这也最终使得 GBDT 类算法这一机器学习领域目前最高精度的预测类算法能够真正应用于海量数据的建模预测。

第一节　LGBM 原理概述

LGBM 是一个基于 GBDT 的高效、可扩展的机器学习算法。作为 GBDT 框架的算法的一员,并且作为 XGB 算法的后来者,LGBM 非常好地综合了包括 XGB 在内的此前 GBDT 算法框架内各算法的一系列优势,并在此基础上做了一系列更进一步的优化。LGBM 算法提出的核心目的是解决 GBDT 算法框架在处理海量数据时计算效率低下的问题。而从实践效果来看,LGBM 也确实做到了这点 ——LGBM 以牺牲极小的计算精度为代价,将 GBDT 的计算效率提升了近 20 倍,这也最终使得 LGBM 算法是第一个真正意义上能处理海量数据的 GBDT 框架算法。并且,尽管计算精度存在"选择性的牺牲",但 LGBM 的实际建模效果也能达到几乎与 XGB 同等水平。由于 LGBM"选择性的牺牲精度"从另一个角度来看其实就是抑制模型过拟合,因此在很多场景下,LGBM 的算法效果甚至会好于 XGB。种种实践证明,LGBM 是一个在拥有超高计算效率的同时能够保持超高精度的算法,是目前机器学习领域当之无愧的顶级算法之一。

LGBM 如何做到兼顾效率和精度呢? 简而言之就是 LGBM 充分借鉴了 XGB 提出的一系列提升精度的优化策略,同时在此基础之上进一步提出了一系列的数据压缩和决策树建模流程的优化策略。尽管在算法的数学原理层面,LGBM 并没有翻越 XGB 创建的理论高峰,但其提出的一系列优化策略也同样是极具开创性的,其中数据压缩方法能够让实际训练的数据量在大幅压缩的同时仍然保持较为完整的信息,而决策树建模流程方面的优化则是在 XGB 提出的直方图优化算法基础上进行了大幅优化,不仅能够加速决策树建模速度,同时也能非常好地处理经过压缩后的数据,从而最终大幅提升每棵树的训练效率(甚至在 LGBM 提出的一段时间后,新版 XGB 也采用了 LGBM 类似的直方图算法来加速建模效率)。最重要的是,有理论能够证明,即使 LGBM 实际建模是基于压缩后的数据进行训练,其预测精度受到的影响也是微乎其微。

当然,除算法原理层面的优化方法外,LGBM 还提出了非常多针对于实际计算过程的优化,如投票特征并行(voting parallel)方法、特征多线程并行处理方法、GPU 加速方法和分布式计算等,这些方法进一步提升了 LGBM 实际建模效率,在一定程度上拓宽了算法的使用场景。需要注意的是,计算效率优化不仅体现在计算时间的大幅缩短,还得益于 LGBM 所提出的一系列数据压缩技术,使得实际建模时数据内存占用也大幅减少。

第二节　　LGBM 相关技术

一、LGBM 的数据压缩策略

LGBM 建模过程总共会进行三方面的数据压缩,根据实际建模顺序,会在全样本上连续变量分箱(连续变量离散化),然后同时代入离散特征和离散后的连续变量进行离散特征捆绑(合并)降维,最终在每次构建一颗树之前进行样本下采样。其中,连续变量的分箱就是非常简单的等宽分箱,并且具体箱体的数量可以通过超参数进行人工调节;而离散特征的降维则采用了一种互斥特征捆绑(exclusive feature bundling, EFB)算法,该算法也是由 LGBM 首次提出的,灵感来源于独热编码的逆向过程,通过把互斥的特征捆绑到一起来实现降维。这种方法能够很好地克服传统降维方法带来的信息大量损耗的问题,并且需要注意的是,输入 EFB 进行降维的特征既包括原始离散特征,也包括第一阶段连续变量离散化之后的特征。在这一系列数据压缩之后,LGBM 在每次迭代(也就是每次训练一颗决策树模型)时,还会围绕训练数据集进行下采样,此时的下采样不是简单的随机抽样,而是一种名为基于梯度的单边采样(gradient-based one-side sampling, GOSS)的方法。与 EFB 类似,这种方法能够大幅压缩数据,但同时又不会导致信息的大量损失。不难发现,最终输入到每颗决策树进行训练的数据实际上是经过大幅压缩后的数据,这也是 LGBM 计算高效的根本原因之一。

二、LGBM 决策树建模优化方法

具体到决策树训练环节,总的来说LGBM采用的决策树建模优化方法有两个:一是直方图优化算法,这种方法本质上是通过直方图的形式更加高效简洁地表示每次分裂前后数据节点的核心信息,并且父节点和子节点也可以通过直方图减法计算直接算得,从而加速数据集分裂的计算过程;二是叶子节点优先生长策略(leaf - wise tree growth),这其实是一种树生长的模式,对于其他大多数决策树算法和集成算法来说,树都是一次生长一层,也就是深度优先生长策略(level-wise tree growth),其生长过程如图13.1所示。

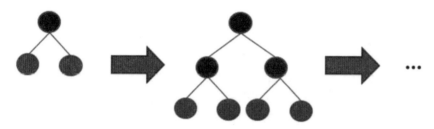

图13.1 深度优先生长策略生长过程

而LGBM则允许决策树生长过程优先按照节点进行分裂,即允许决策树"有偏"地生长,也就叶子节点优先生长策略,其生长过程如图13.2所示。

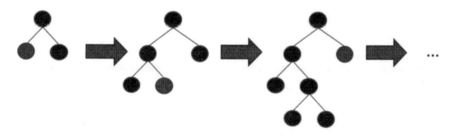

图13.2 叶子节点优先生长策略生长过程

其优势在于能够大幅提升每颗树的收敛速度,从总体来看相当于提升了每次迭代效率。而问题则在于每棵树的计算过程会变得更加复杂,并且存在一定的过拟合风险。不过对于LGBM来说,这些问题都能够被很好地克服,如计算过程复杂的问题可以通过数据压缩来对冲,而过拟合风险则可以通过限制最大树深度来解决。因此,总的来看,深度优先生长策略是最适合LGBM的决策树生长策略。

三、等宽分箱

LGBM 采用的连续变量分箱方法就是简单的等宽分箱,与在特征工程部分介绍的等宽分箱方法无异:首先计算连续变量的取值范围,然后人工输入的 max_bin 超参数,进行数量为 max_bin 等宽度的区间划分,并把连续变量的值划归到一个个箱体内部。例如,某连续变量取值范围为$[0, 10]$,max_bin = 2,则两个等宽的区间划分为 bin0 = $[0, 5)$ 和 bin1 = $[5, 10]$。如果某连续变量取值为 1,则经过分箱后会被标记为 bin0(或 0);如果某连续变量取值为 10,则分箱后会被标记为 bin1(或 1)

分箱示例如图 13.3 所示。

```
np.random.seed(11)

x1 = np.array([1.2, 2.9, 2.6, 3.3, 2.0, 2.5, 1.4, 2.1, 1.7, 3.0])
x2 = np.array([4.7, 5.5, 3.9, 6.2, 3.5, 4.5, 5.1, 2.7, 4.1, 3.8])
x3 = np.random.randint(0, 2, 10)
x4 = np.random.randint(0, 2, 10)
y = np.array([1, 0, 1, 0, 1, 1, 0, 0, 1, 1])
data = pd.DataFrame({'x1':x1, 'x2':x2, 'x3':x3, 'x4':x4, 'y':y})
data
```

图 13.3　分箱示例

数据集总共包含十条数据,其中 x1 和 x2 是连续特征,x3 和 x4 是离散特征,y 是标签,该数据集是二分类数据集(图 13.4)。接下来对其中的连续变量进行分箱,这里设置 max_bin = 2,即进行两个箱体的等宽分箱。具体实现过程如图 13.5 所示,分箱结果如图 13.6 所示。

至此,就完成了 LGBM 的第一阶段数据处理 —— 连续变量的分箱处理。

	x1	x2	x3	x4	y
0	1.2	4.7	1	0	1
1	2.9	5.5	1	0	0
2	2.6	3.9	0	1	1
3	3.3	6.2	1	0	0
4	2.0	3.5	1	0	1
5	2.5	4.5	1	1	1
6	1.4	5.1	1	0	0
7	2.1	2.7	0	1	0
8	1.7	4.1	1	0	1
9	3.0	3.8	1	1	1

图 13.4　输出结果

```
from sklearn.preprocessing import KBinsDiscretizer

# 将 x1 和 x2 分别进行等宽分箱, 分成 2 个箱子
n_bins = 2
strategy = 'uniform'

kbins_x1 = KBinsDiscretizer(n_bins=n_bins, encode='ordinal', strategy=strategy)
kbins_x2 = KBinsDiscretizer(n_bins=n_bins, encode='ordinal', strategy=strategy)

x1_binned = kbins_x1.fit_transform(data['x1'].values.reshape(-1, 1))
x2_binned = kbins_x2.fit_transform(data['x2'].values.reshape(-1, 1))

# 将分箱后的结果保存到原始数据集中
data['x1_binned'] = x1_binned
data['x2_binned'] = x2_binned

print(data)
```

图 13.5　具体实现过程

```
     x1   x2  x3  x4  y  x1_binned  x2_binned
0   1.2  4.7   1   0  1        0.0        1.0
1   2.9  5.5   1   0  0        1.0        1.0
2   2.6  3.9   0   1  1        1.0        0.0
3   3.3  6.2   1   0  0        1.0        1.0
4   2.0  3.5   1   0  1        0.0        0.0
5   2.5  4.5   1   1  1        1.0        1.0
6   1.4  5.1   1   0  0        0.0        1.0
7   2.1  2.7   0   1  0        0.0        0.0
8   1.7  4.1   1   0  1        0.0        0.0
9   3.0  3.8   1   1  1        1.0        0.0
```

图 13.6　分箱结果

四、互斥特征捆绑

接下来围绕这些离散特征进行降维。LGBM 采用了 EFB 的降维方法,这种方法在 LGBM 论文 "LGBM: A Highly Efficient Gradient Boosting Decision Tree" 中首次提出。不同于第一阶段的简单的等宽分箱,EFB 实际计算过程非常复杂,这里从 EFB 方法提出背景、计算原理和手动示例三个方面对其进行介绍。

1. EFB 算法提出背景。

根据 "LGBM: A Highly Efficient Gradient Boosting Decision Tree" 的描述,原始的 GBDT 在进行每颗树的训练时,需要代入全部数据来进行信息增益的计

算,从而寻找到决策树生长过程中的最佳切分点,这个过程就是扫描全部数据来决定切分点的过程。这个过程尽管非常精准,但计算复杂度非常高(直接与特征数量及样本数量成正比),在进行海量数据建模训练时会耗费大量的算力和时间。因此,为更好地应对海量数据的模型训练,样本采样和特征降维是非常必要的。但传统的方法在这方面往往效果不佳,如简单的样本随机抽样可能会造成模型训练过程非常不稳定,而 PCA 降维则只适用于处理冗余特征,当每个特征都具有相当信息体量时,强行进行降维会导致信息大量丢失。为解决这个问题,LGBM 开创性地提出了基于梯度的 GOSS 进行样本数量的压缩,提出了利用 EFB 进行特征压缩。不同于以往的方法,GOSS 和 EFB 能够非常好地兼顾预测精度和计算效率。此外,对连续变量进行离散化也是非常有效的数据压缩的手段。LGBM 在 XGB 提出的直方图优化的基础上,进一步提出了一种改进策略,与 GOSS 和 EFB 类似,这种 LGBM 直方图优化方法同样能够在大幅提高计算效率的同时保证预测精度。

2. 简化后的 EFB 计算流程

具体到 EFB 降维算法,受到独热编码启发,设计类似于独热编码逆向过程的一种算法。例如,一组数据情况如图 13.7 所示。独热编码是从左往右的计算过程,把一列展开为多列;而 EFB 则是从右往左进行计算,将多列压缩为一列。

既然是独热编码的逆向计算,就需要首先讨论为什么 LGBM 不需要独热编码。已知,独热编码本质上是对离散特征更加细粒度的信息呈现,在某些场景下能够提升模型效果。当然,更重要的是独热编码能够非常好地用于表示离散变量,对于大多数无法区分连续变量和离散变量的机器学习算法来说,通过独热编码重编码的数据将非常方便地进行离散变量之间的距离计算等操作。但是这些独热编码的优势对于 LGBM 来说并不存在。首先,LGBM 代入模型计算的全部变量都是离散变量(连续变量也会被离散化)。其次,独热编码带来的更细粒度的信息呈现也不会进一步提升模型效果(对于大多数集成学习算法来说都是如此)。更重要的是,LGBM 的算法设计就是为了处理海量高维数据,独热编码只会进一步造成维度灾难。因此,LGBM 不仅不需要进行独热编码,还需要进行独热编码的逆操作来进行特征降维。当然,这里只是借用独热编码的计算过程来理解 EFB 的降维过程。在实际计算过程中,EFB 的降维的目标并不是把独热编码之后的特征再转换回来,而是找到那些原始状态下就存在的类似图 13.7 中 x_1 和 x_2 这种关系的特征,将其合成为一个特征。这里注意观察,图 13.7 中 x_1 和 x_2 两个特征存在一种这样的关系 —— 任何一条样本都不会同时在 x_1 和 x_2 上取值非 0。在 EFB 原理的定义中,这种关系的特征又称互斥特征,而互斥特征其实是可以合成一个特征的,如图 13.7 中的 x,这个合成的过程并不会有任何的信息损失,而合成的过程又称特征捆绑,这也就是互斥特征捆绑算法。

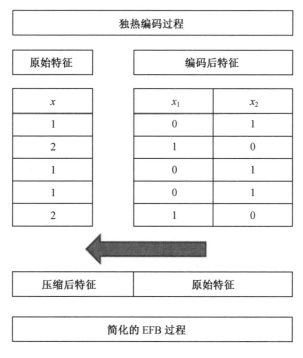

图 13.7　独热编码和 EFB 过程

五、EFB 算法基木原理

真实数据的 EFB 计算过程会非常复杂,首先是关于"互斥"关系的定义,EFB 并不是只压缩完全互斥的特征,而是非常灵活地定义了一个冲突比例(又称非互斥比例),这个比例用于表示两个特征中冲突(即非互斥、同时取非零值)的取值占比,来衡量两个特征互斥程度。当然,冲突比例越大,说明互斥程度越低。例如,对于图 13.8 所示的数据集,总共包含四条数据,其中只有第四条数据同时取得了非零值,因此只有一条数据是冲突的,其他数据都是互斥的,冲突比例为 $1/4 = 0.25$。

同时,LGBM 提供了一个名为 max_conflict_rate 的超参数,用于表示最大冲突比例,当两个特征的冲突比例小于设置的最大冲突比例(max_conflict_rate)时,就认为这两个特征并不冲突,而是互斥的,是可以进行捆绑的。例如,假设设置 max_conflict_rate = 0.3,则上述两个特征可以进行捆绑。而如果设置 max_conflict_rate = 0.2,则上面两个特征超过了认为冲突的阈值,因此这两个

特征1	特征2
0	1
1	0
0	0
1	1

图 13.8　数据集

特征是冲突的，而不是互斥的，是不能进行进一步捆绑的。很明显，max_conflict_rate 设置得越小，对互斥的要求就越高，特征就越不容易被捆绑，模型计算量就越大，精度也越高。而如果 max_conflict_rate 设置得很大，则更多的特征会被捆绑，模型计算速度会更快，但精度也会降低。

最大冲突比例的概念引入相当于放宽了互斥的条件，或给是否互斥添加了一个可以量化计算的阈值。而真正开始进行特征捆绑时，面对海量特征，LGBM 是如何进行 EFB 计算的呢？实际上，LGBM 会将特征捆绑问题视为（或转化为）一个图着色的问题（graph coloring problem）。图着色问题是一种经典的组合优化问题，其问题描述为：给定一个无向图，如何用尽量少的颜色对图中的每个顶点进行着色，使得相邻的顶点颜色不同。这里的"颜色"可以是任意一种符号或编号，只要保证相邻的顶点颜色不同即可。在 EFB 计算过程中，会将不同特征视为图上的一个个点，若特征之间存在冲突，则用一条无向边进行连接，边的权重就是冲突比例，而如果两个特征互斥，则彼此没有边进行相连。将特征及其冲突情况用图进行展示后，即可进一步进行图着色，即在相邻点颜色不同的前提条件下，用尽可能少的颜色对图上的点进行着色。既然相互冲突的特征都有边进行相连，那么相同颜色的点其实就是互斥的特征，接下来仅需把相同颜色的特征进行合并即可。

六、EFB 算法计算流程

计算冲突比例矩阵，如上面的分箱示例：

data[['x1_binned','x2_binned','x3','x4']]

经过连续变量离散化，现在 data 数据变成四个离散特征的数据集，四个离散特征分别为 x1_binned、x2_binned、x3、x4（图 13.9，图 13.10）。

	x1	x2	x3	x4	y	x1_binned	x2_binned
0	1.2	4.7	1	0	1	0.0	1.0
1	2.9	5.5	1	0	0	1.0	1.0
2	2.6	3.9	0	1	1	1.0	0.0
3	3.3	6.2	1	0	0	1.0	1.0
4	2.0	3.5	1	0	1	0.0	0.0
5	2.5	4.5	1	1	1	1.0	1.0
6	1.4	5.1	1	0	0	0.0	1.0
7	2.1	2.7	0	1	0	0.0	0.0
8	1.7	4.1	1	0	1	0.0	0.0
9	3.0	3.8	1	1	1	1.0	0.0

图 13.9　离散特征数据集

	x1_binned	x2_binned	x3	x4
0	0.0	1.0	1	0
1	1.0	1.0	1	0
2	1.0	0.0	0	1
3	1.0	1.0	1	0
4	0.0	0.0	1	0
5	1.0	1.0	1	1
6	0.0	1.0	1	0
7	0.0	0.0	0	1
8	0.0	0.0	1	0
9	1.0	0.0	1	1

图 13.10　输出结果

　　然后需要计算这四个特征彼此之间的冲突比例,可以通过定义如下函数来完成计算。该函数定义了多个特征彼此之间冲突比例矩阵的计算过程,这里的冲突比例矩阵就类似于相关系数矩阵,用于表示多个特征彼此之间冲突比例(图 13.11)。

```python
def conflict_ratio_matrix(data):

    if isinstance(data, pd.DataFrame):
        data = data.values

    num_features = data.shape[1]
    # 创建空特征比例矩阵
    conflict_matrix = np.zeros((num_features, num_features))

    # 两层循环挑选两个特征
    for i in range(num_features):
        for j in range(i+1, num_features):
            # 计算特征冲突特征总数
            conflict_count = np.sum((data[:, i] != 0) & (data[:, j] != 0))
            # 计算不为0的特征总数
            total_count = np.sum((data[:, i] != 0) | (data[:, j] != 0))
            # 计算冲突比例
            conflict_ratio = conflict_count / total_count
            conflict_matrix[i, j] = conflict_ratio
            conflict_matrix[j, i] = conflict_ratio

    return conflict_matrix
```

图 13.11　定义函数

尝试代入四个离散变量,进行冲突比例的计算(图 13.12)。

```python
conflict_ratio_matrix(data[['x1_binned', 'x2_binned', 'x3', 'x4']])
```

```
array([[0.        , 0.42857143, 0.44444444, 0.5       ],
       [0.42857143, 0.        , 0.625     , 0.125     ],
       [0.44444444, 0.625     , 0.        , 0.2       ],
       [0.5       , 0.125     , 0.2       , 0.        ]])
```

图 13.12　计算结果

　　其中,矩阵中的第(i,j)个元素代表第 i 个特征和第 j 个特征的冲突比例。例如,$(1,2) = 0.428\ 57$ 表示第一个特征和第二个特征冲突比例为 $0.428\ 57$。能够看出,这四个特征中并不存在没有冲突(即互斥)的特征,只能看到 2、4 和

3、4 特征冲突比例较小：

data[['x1_binned','x2_binned','x3','x4']]

然后将冲突比例矩阵转化为图 13.13，即不同的点代表着不同的特征，而如果两个特征存在冲突，则两个点之间构建一条无向边，边的权重就是冲突比例。

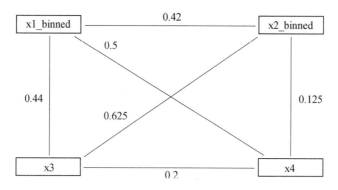

图 13.13　冲突比例转换图

当然，关于是否互斥，其实可以通过 max_conflict_rate 进行调节。假设max_conflict_rate = 0.3，则图 13.13 中 x3 和 x4、x2_binned 和 x4 的冲突比例小于0.3，所以这两组特征是互斥的，可以将连接这两组特征的边删除，删除后的冲突比例转换图如图 13.14 所示。

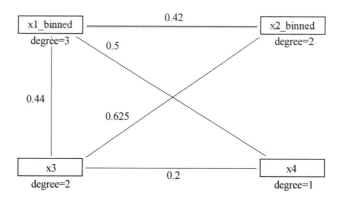

图 13.14　删除后的冲突比例转换图

需要注意，这里设置的 max_conflict_rate = 0.3 只是用于当前例子展示所用。真实情况下 max_conflict_rate 的取值建议设置为 0.1 或更小的数，以确保模型精度。

在完成图转化之后,接下来将特征捆绑问题视为一个图着色问题,即需要用最少的颜色对图上的四个点进行着色,并要求相邻的点(彼此有线段连接的点)颜色不同。

具体着色的流程是会先从度(边的个数,又称 degree)更大的点进行着色。例如,图 13.14 中四个点的 degree,很明显 x1_binned 的度最大,然后是 x2_binned 和 x3,这里先将 x1_binned 着色为红色(颜色可以随机选取),然后由于 x3 和 x2_binned 彼此相连,并且都与 x1_binned 相连,因此 x3 和 x2_binned 颜色不能相同,且不能与 x1_binned 相同,这里分别给 x3 和 x2_binned 着色为黄色和绿色。最后是 x4,由于 x4 与 x1_binned 相连,因此 x4 不能用红色,而 x4 与 x3、x2_binned 没有相连,并且为使图上出现的颜色尽可能少,因此 x4 可以用绿色或黄色,考虑到 x4 和 x2_binned 冲突比例较小,互斥程度较大,因此可以给 x4 使用绿色,最后着色结果如图 13.15 所示。

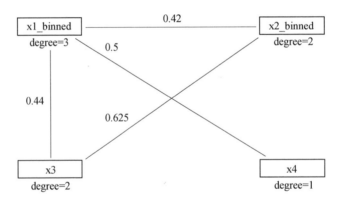

图 13.15　最后着色结果

最后,把相同着色的点(特征)进行捆绑。捆绑过程并不复杂,核心是需要对特征取值进行合理转化。而具体的转化过程中,LGBM 会根据主特征的最大取值设置一个 offset 值,然后对合并进来特征的非零值加上这个 offset 值,再让这两个特征取值相加。例如,data 数据集中,将 x4 并入 x2_binned 中,则 offset = 1。然后对 x4 的非零值 + offset,并构成新的特征 x2_binned&x4。

至此,就在 data 这个简化的数据集上完成了 EFB 特征捆绑过程,经过连续变量分箱和特征捆绑,实际上接下来代入进行模型训练的特征就只有 x1_binned、x2_binned&x4 和 x3 这三个特征(图 13.16):

data[['x1_binned','x2_binned&x4','x3']]

	x1_binned	x2_binned&x4	x3
0	0.0	1.0	1
1	1.0	1.0	1
2	1.0	2.0	0
3	1.0	1.0	1
4	0.0	0.0	1
5	1.0	3.0	1
6	0.0	1.0	1
7	0.0	2.0	0
8	0.0	0.0	1
9	1.0	2.0	1

图 13.16　最后特征结果

第三节　GOSS 采样与直方图优化算法

在 LGBM 算法的计算流程中,当执行完特征压缩后,接下来就将进入每棵树的建模过程中。不过同样是出于提高计算效率考虑,LGBM 并不是代入全部数据进行每棵树的训练,而是采用了一种名为基于梯度的单边采样(gradient-based one-side sampling,GOSS)下采样方法,缩减实际代入模型训练的样本数量。这是一种非常特殊的采样方法,其实践效果与 EFB 类似,都是能够在大幅提高计算效率的同时确保计算精度。并且,当已经完成了 GOSS 采样后,在实际决策树生长过程中,LGBM 也采用了 XGB 类似的直方图优化算法来加速决策树的计算过程。从原理层面来看,LGBM 与 XGB 的直方图优化算法并没有本质上的区别,只是二者在进行直方图计算时采用的指标略有不同。此外,LGBM 还在直方图的实际计算机计算层面进行了优化,如投票特征并行方法等。

一、基于梯度的单边采样

首先来看 GOSS 抽样方法。不同于简单随机抽样,GOSS 是一种非常特殊的基于梯度分布的抽样方法。在执行优化算法的过程中,每个样本都有一个对应的梯度计算结果,如果某条样本梯度绝对值较小,则说明这条样本已经被正确地分类或预测结果与真实结果非常接近,在后续的参数更新过程中,这些梯度绝对值较小的样本对参数的改进贡献较小,因此每次迭代计算时再把这些小梯度的样本算一遍梯度,会在一定程度上造成资源浪费。反观上梯度绝对值较大的样本,这些样本具有更高的误差,因此对模型的训练有更大的贡献。因此,GOSS 的思路是将全部样本按照梯度绝对值大小进行降序排序,然后抽取梯度绝对值最大的前 $a\%$ 的样本,把其他样本都视为小梯度样本,并从这些小梯度样本中随机抽取 $b\%$ 个样本,而这些大梯度样本和随机抽取的小梯度样本就构成了接下来模型训练的数据集。只针对小梯度样本(一边)进行抽样,保留(另一边)全部大梯度样本,就是单边采样一词的由来。

在具体执行 GOSS 时有以下几点需要注意。

(1)GOSS 计算过程是根据梯度的绝对值大小进行样本划分和抽样,并不是样本梯度的真实值。

(2)GOSS 中样本选取比例也就是梯度绝对值最大的前 $a\%$ 和小样本中随机抽样的 $b\%$,实际上都是超参数,可以在建模过程中灵活调节。$a\%$ 可以换成更专业的超参数名称 top_rate,而小样本抽取的 $b\%$ 更专业的名称则是 other_rate。

(3)样本梯度是基于预测结果计算而来的(具体来说是损失函数的一阶导数),而在第一棵树构建之前就需要进行 GOSS 采样,此时还没有模型预测结果,梯度计算依据的是 LGBM 的初始预测值。与其他集成学习类似,LGBM 的初始预测值也是根据损失函数的不同类型计算得到的结果。

(4)由于每次迭代都会更新模型参数,因此每次建树之前都会重新进行抽样,除非人为控制迭代过程(如使用一种非常特殊的 Booster API),否则一般来说 top_rate 和 other_rate 设置好了就不会再发生变化。

(5)关于 top_rate 和 other_rate 的数值设置,一般来说 top_rate 越大,other_rate 越小,模型过拟合风险就越大,反之则模型学习能力会被限制。而如果这两个参数同时较大,则会增加模型训练复杂度,增加模型训练时间。关于这组参数,并没有一个普遍适用的取值,还是需要根据实际情况进行超参数优化。

(6)尽管代入训练的数据是 GOSS 抽样后的数据,但在后续决策树生长的过程中,小梯度样本的梯度(和损失函数二阶导数)会再乘一个大于 1 的膨胀系数,再与大梯度样本的梯度(和损失函数二阶导数)相加,构成一个数据集的梯度(和损失函数二阶导数),来指导后续的迭代进行。之所以要让小梯度样本进一步膨胀再加入样本数据梯度中,是为了尽可能还原原始真实的数据集梯度。也就是说,GOSS 抽样并不是想要改变数据集梯度,而是希望通过更小的计算量来尽可能还原原始数据集完整梯度,以此来提升建模的精确度,其采样过程如图 13.17 所示。

图 13.17　采样过程

具体膨胀系数计算并不复杂,就是 $(1 - a)/b$ 或 $(1 - \text{top\_rate})/(\text{other\_rate})$。例如,当 $\text{top\_rate} = 0.1$,$\text{other\_rate} = 0.2$ 时,小样本梯度膨胀系数为

$$(1 - \text{top\_rate})/(\text{other\_rate}) = (1 - 0.1)/0.2 = 4.5$$

$$\text{最终样本梯度} = \text{大样本梯度} + \text{小样本梯度} \times 4.5$$

最后需要注意的是,尽管 GOSS 抽样后通过膨胀系数尽可能还原数据集整体的梯度,但这种还原肯定是存在一定误差的。

二、LGBM 决策树生长过程与直方图优化算法

单独一棵决策树的生长过程中涉及三个核心概念:LGBM 决策树生长的增益计算公式、叶子节点优先生长策略及直方图优化算法。

1. LGBM 决策树生长的增益计算公式

在具体的决策树生长过程中,最重要的是进行切分点的选取,这个过程中最重要的是分裂增益的计算方法。不同于 CART 树基于 gini 系数差的增益计算方法和 C4.5 基于信息熵的信息增益,LGBM 采用了一种非常特殊的、同时包含梯度和 Hessian 值的分裂增益计算方法,具体计算公式为

$$\text{Gain} = \frac{G_L^2}{H_L + \lambda} + \frac{G_R^2}{H_R + \lambda} - \frac{(G_L + G_R)^2}{H_L + H_R + \lambda} - \alpha \cdot (|w_L| + |w_R|)$$

式中,G_L 和 G_R 分别是左节点和右节点的梯度和;H_L 和 H_R 分别是左节点和右节

点的 Hessian 和；λ 是 reg_lambda 参数（L2 正则化项）；α 是 reg_alpha 参数（L1 正则化项）；w_L 和 w_R 分别是左节点和右节点的权重。并且，对于一个节点，权重计算公式为

$$w = -\frac{G}{H + \lambda}$$

而对于 reg_alpha 和 reg_lambda，其实是模型的两个超参数，又称 L1 正则化参数和 L2 正则化参数，用于控制模型结构风险。根据分裂增益计算公式不难看出，在数据集梯度和 Hessian 固定不变的情况下，L1 正则化参数和 L2 正则化参数取值越大，增益计算结果就越小，决策树就越倾向于不分裂。

2. 叶子节点优先生长策略

在具体生长的过程中，LGBM 中的决策树也是同样会比较不同切分点带来的增益，然后选择增益最大的切分点进行分裂，这个过程与其他所有决策树都一样。叶子节点优先生长策略则是对比另一种生长策略：深度优先生长策略。叶子节点优先生长策略是一次生长一个节点，可以长成不同子树深浅不一的决策（图 13.18）。而深度优先生长策略则是一次生长一层，最后决策树将是左右子树深度（图 13.19）。

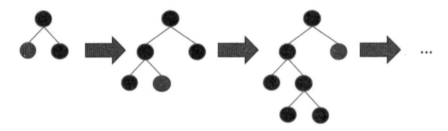

图 13.18　节点优先生长策略

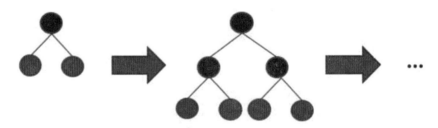

图 13.19　层级优先生长策略

其实关于这两种不同的生长方式，可以回顾决策树的相关内容。其中，CART 树就是叶子节点优先生长策略，而 C3.0 就是深度优先生长策略，这里可以理解为 LGBM 就是采用了 CART 树类似的生长流程。相比于深度优先生长

策略,叶子节点优先生长策略会耗费更多的计算量,但同时也会有更高的预测精度。对于其他大多数集成学习算法来说,为提高计算效率,其实都是采用的深度优先生长策略(如 XGB),而 LGBM 经过了一系列数据压缩和其他优化方法,本来就拥有非常高的计算效率,因此在具体决策树建模时采用了一种更高精度的叶子节点优先生长策略来确保其在压缩后的数据上能够获得更高的预测精度。

当然,叶子节点优先生长策略也会增加模型过拟合风险,因此对于 LGBM,必须要通过限制树的最大深度来解决叶子节点优先带来的过拟合问题。对于 LGBM 来说,在超参数优化时,树的最大深度 max_depth 将会是一个非常重要的超参数。

3. 直方图优化算法

直方图优化算法与其说是一种算法,不如是一种决策树生长分裂过程中数据集(及其关键信息)的表示方法,即通过直方图来表示数据集(及其关键信息)在决策树生长过程中的分裂即计算过程。这种表示方法能够大幅减少数据集内存占用,提升计算速度,并且方便进行直方图差分计算。子节点的直方图可以通过从父节点的直方图中减去兄弟节点的直方图得到。

需要注意的是,直方图算法最早是 XGB 算法提出的一种加速计算的方法。LGBM 和 XGB 的直方图算法在直方图的表示形式上并没有任何区别,只是在直方图统计的值方面有区别:XGB 是用直方图统计样本值的累加(并对特征进行排序);而 LGBM 是用直方图统计数据集的一阶导数和 Hessian 值的累加(并对特征进行排序)。正因如此,LGBM 可以利用直方图进行差分加速,而 XGB 则不可以。从这点来看,LGBM 的直方图优化算法可以视为 XGB 直方图优化算法的优化版本。此外,LGBM 还有很多并行计算的策略,进一步加速其计算过程。

第四节　LGBM 数学推导

假设现有数据集 N,含有形如 (x_i, y_i) 的样本 M 个,i 为任意样本的编号,单一样本的损失函数为 $l(y_i, H(x_i))$,其中 $H(x_i)$ 是 i 号样本在集成算法上的预测结果,整个算法的损失函数为 $L(y, H(x))$,且总损失等于全部样本的损失之和,即

$$L(y, H(x)) = \sum i l(y_i, H(x_i))$$

目标函数中使用 L2 正则化(λ 为 0,α 为 0)。同时,弱评估器为 f,总共学习 K 轮。

首先是正式开始训练之前的模型初始化过程,本阶段需要确定损失函数和正式开始迭代之前的初始预测值。与其他 GBDT 框架算法类似,LGBM 同样也支持多种类型的损失函数,甚至可以自定义损失函数,并且在不同损失函数选择情况下,模型初始预测值是不同的。当然,无论是哪种初始值设置,其目的都是让损失函数计算结果尽可能小,即满足

$$H_0(x) = \operatorname{argmin} \sum_{i=1}^{M} l(y_i, C) = \operatorname{argmin} L(y, C)$$

式中,y_i 为真实标签;C 为任意常数。以上式子表示找出令 $\sum_{i=1}^{M} l(y_i, C)$ 最小的常数 C 值,并输出最小的 $\sum_{i=1}^{M} l(y_i, C)$ 作为 $H_0(x)$ 的值。

然后在根据所选择的损失函数得到初始全部数据的预测结果,进行数据压缩,也就是连续变量分箱和 EFB 降维。其中,分箱个数可以通过 max_bin 超参数来进行控制,而降维的程度则可以通过 max_conflict_rate 超参数来进行控制。max_bin 取值越小,max_conflict_rate 取值越大,数据压缩就越严重,模型训练速度就越快,模型精度就越低;max_bin 取值越大,max_conflict_rate 取值越小,则模型训练速度将有所下降,但模型精度会越高。总之,这个阶段是围绕全部的样本进行数据压缩,并且会保留压缩过程中的核心信息,如分箱的边界、特征捆绑时的 offset 等,用于处理后续新数据集的特征。当完成数据集压缩后,接下来的建模过程只会代入压缩后的数据,原始数据将被舍弃。

接下来进入 boosting 的迭代过程,即单独每颗决策树的训练过程。这里假设总共迭代 K 次,本次迭代过程为第 k 次,其中 k 取值范围为 $[1, K]$,本次迭代过程中 LGBM 将按照如下步骤进行迭代计算。

(1)GOSS 抽样。

在构建每颗树之前,LGBM 将按照大小梯度样本划分情况进行 GOSS 抽样,具体抽样比例受 top_rate 和 other_rate 影响。两个超参数取值越大,抽样得到的样本数量越多;反之,抽样得到的样本数量就越少。这里同样假设第 k 次迭代时,抽取的数据集为 N^k,同时计算得到膨胀系数为 $(1 - \text{top\_rate})/(\text{other\_rate})$。

(2) 计算伪残差。

在得到了上一轮预测结果 $H_{t-1}(x)$ 和 GOSS 抽样数据的基础上,可以进行本轮迭代的伪残差计算。伪残差是实际每轮建树时的拟合对象。LGBM 的伪残差与 GBDT 的伪残差完全一样,即当前样本的负梯度。其中,样本 x_i 在这一轮迭代时的伪残差为

$$r_{ki} = -\frac{\partial L(y_i, H_{k-1}(x_i))}{\partial H_{k-1}(x_i)}$$

式中,$L(y_i, H_{k-1}(x_i))$ 表示 x_i 在本轮计算时的损失函数;$H_{k-1}(x_i)$ 表示样本 x_i 上一轮的预测结果。

(3)拟合伪残差。

接下来尝试训练一颗决策树来拟合当前样本的伪残差。本阶段 LGBM 将采用叶子节点优先生长策略,并采用直方图优化加速计算过程。决策树具体生长过程的分裂增益为

$$\text{gain} = \frac{\left(\sum_{i \in L} g_i\right)^2}{\sum_{i \in L} h_i + \lambda} + \frac{\left(\sum_{i \in R} g_i\right)^2}{\sum_{i \in R} h_i + \lambda} - \frac{\left(\sum_{i \in P} g_i\right)^2}{\sum_{i \in P} h_i + \lambda}$$

需要注意的是,尽管 LGBM 拟合的伪残差只有损失函数一阶导,但分裂增益却同时包含损失函数的一、二阶导数。根本原因在于分裂增益的计算公式由叶子节点预测结果决定,而叶子节点预测结果则可以由损失函数直接推导得到,与伪残差没有直接关系。

(4)输出预测结果。

输出本轮决策树的预测结果,对任意叶子节点 j 来说,输出值为

$$w_j = -\frac{\sum_{i \in j} g_{ik}}{\sum_{i \in j} h_{ik} + \lambda}$$

(5)更新损失函数计算结果。

根据本轮计算结果更新损失函数计算结果,即根据预测结果 $f_k(x_i)$ 迭代模型,具体来说,有

$$H_k(x_i) = H_{k-1}(x_i) + f_k(x_i)$$

假设输入的步长为 η,则 $H_k(x)$ 应该为

$$H_k(x_i) = H_{k-1}(x_i) + nf_k(x_i)$$

对整个算法则有

$$H_k(x) = H_{k-1}(x) + nf_k(x)$$

当执行完 K 轮迭代后,最终输出 $H_k(x)$ 的值作为集成模型的最终预测结果。至此,便完成了模型整体训练过程。

参 考 文 献

［1］谢文睿,秦州.机器学习公式详解［M］.北京:人民邮电出版社,2021.

［2］李航.统计学［M］.北京:清华大学出版社,2012.

［3］周志华.机器学习［M］.北京:清华大学出版社,2016.

［4］黄永昌.scikit-learn 机器学习:常用算法原理及编程实战［M］.北京:机械工业出版社,2018.

［5］陈海虹,黄彪,刘峰,等.机器学习原理及应用［M］.成都:电子科技大学出版社,2017.

［6］MITCHELL T. Machine learning［M］. New York:McGraw Hill, 1997.

［7］ESCALERA S,PUJOL O. RADEVA P. Error-correcting output codes library ［J］. Journal of Machine Learning Research, 2010(11):661-664.

［8］TIBSHIRANI, R. Regression shrinkage and selection via the LASSO［J］. Journal of the Royal Statistical Society:Series B, 1996(1):267-288.

［9］唐宇迪.跟着迪哥学 Python 数据分析与机器学习实战［M］.北京:人民邮电出版社,2019

［10］美团算法团队.美团机器学习实践［M］.北京:人民邮电出版社,2018.

［11］陈封能,斯坦巴赫,库玛尔.数据挖掘导论(完整版)［M］.范明,等译.北京:人民邮电出版社,2016.

［12］鲁伟.机器学习公式推导与代码实现［M］.北京:人民邮电出版社,2022.